高职高专土建类立体化系列教材——建筑工程技术专业

建筑工程质量管理

主　编　王　胜
副主编　杨　帆　刘　萍
参　编　张加粮　刘永前
主　审　聂立武

机械工业出版社

本书是根据国家最新高职高专建筑工程技术专业应用型人才培养方案编写的高等职业技术教育教材。全书5个项目，主要包括：建筑工程施工质量验收统一标准、地基与基础工程、主体结构工程、屋面工程、建筑装饰装修工程。书中通过二维码的形式链接、拓展了学习内容，每个章节均安排了一定数量的课后习题、职业活动训练等内容以加深对理论的消化。

本教材可作为高职高专院校、成人高校及独立院校建筑工程技术、工程管理、工程建设监理等专业的教学用书，也可作为施工企业生产一线管理人员的培训和参考用书。

图书在版编目（CIP）数据

建筑工程质量管理／王胜主编．—北京：机械工业出版社，2021.2（2024.8重印）

高职高专土建类立体化系列教材．建筑工程技术专业

ISBN 978-7-111-67561-7

Ⅰ．①建… Ⅱ．①王… Ⅲ．①建筑工程-工程质量-质量管理-高等职业教育-教材 Ⅳ．①TU712.3

中国版本图书馆CIP数据核字（2021）第030562号

机械工业出版社（北京市百万庄大街22号 邮政编码100037）
策划编辑：张荣荣 责任编辑：张荣荣
责任校对：潘 蕊 封面设计：张 静
责任印制：郜 敏
北京富资园科技发展有限公司印刷
2024年8月第1版第4次印刷
184mm×260mm · 10.25印张 · 250千字
标准书号：ISBN 978-7-111-67561-7
定价：39.00元

电话服务
客服电话：010-88361066
010-88379833
010-68326294

网络服务
机 工 官 网：www.cmpbook.com
机 工 官 博：weibo.com/cmp1952
金 书 网：www.golden-book.com
机工教育服务网：www.cmpedu.com

前言

为培养建设工程施工现场质检员、施工员、监理员等工程应用管理型人才，本书依据现行的国家、行业及地方标准、规范进行编写。

本书具有以下特点：

1. 与“精品在线开放课程”为一体

编者团队已建设精品在线开放课程，学生可借助精品在线开放课程平台进行学习，教师可借助精品在线开放课程平台实现线上线下混合式教学。

2. 以“项目—任务—例题—综合案例—课后习题”为主线

每个任务结束后，设置例题进行职业化训练；每个项目结束后，设置综合案例，将相关任务内容建立联系，进行综合训练。课后习题以选择题、简答题、案例题为主，使项目知识融会贯通，进行符合“未来职业”的职业训练。

3. 以“学习视频”贯穿全书

学生扫描学习视频二维码，可以自主完成理论知识点的学习，教师以解答难点和讲授案例为主，在培养学生自学能力的同时，改变本课程传统枯燥的授课模式。

本书共包括五个项目与配套的学习视频，由辽宁建筑职业学院王胜担任主编，辽宁建筑职业学院杨帆、刘萍担任副主编，深圳市勘察测绘院（集团）有限公司张加粮及辽宁建筑职业学院刘永前参与编写，由辽宁建筑职业学院聂立武主审。其中，项目一由刘永前编写，项目二由张加粮编写，项目三、项目四由王胜编写，项目五任务一至任务四由刘萍编写、任务五至任务七及课后习题由杨帆编写。54个学习视频，由王胜录制37个（1~22、32~46）、杨帆录制17个（23~31、47~54），全书由王胜统稿。

本书主要供高等职业技术学校与中等职业技术学校的建筑工程技术专业及相关专业教师与学生使用，也可供从事工程建设的工程技术人员使用。

由于编者水平和经验有限，书中难免有不足之处，恳请读者批评指正。

编　者

目 录

项目一

建筑工程施工质量验收统一标准

【教学目标】

（一）知识目标

1. 了解建筑工程质量管理理念。
2. 熟悉建筑工程质量验收基本规定与划分原则。
3. 掌握检验批、分项工程、分部工程及单位工程的质量验收合格规定和质量验收程序。

（二）能力目标

1. 能根据《建筑工程施工质量验收统一标准》（GB 50300—2013），运用建筑工程质量验收划分原则，对建筑工程进行质量验收划分。
2. 能根据《建筑工程施工质量验收统一标准》（GB 50300—2013），运用检验批、分项工程、分部工程及单位工程的质量验收合格规定和质量验收程序，组织对建筑工程进行质量验收。

一、建筑工程质量管理理念

建筑工程质量管理理念

建筑工程质量管理是指明确工程质量方针、目标、职责，通过质量体系中的质量策划、控制、保证和改进来使其实现的全部质量管理活动。建筑工程质量管理是一个系统工程，涉及企业管理的各个层次和工程现场的每一个操作环节，必须建立有效的质量管理体系，运用科学的质量管理理念，才能保证质量管理水平不断提升。

（一）PDCA 循环管理理念

全面质量管理的工作思路是一切按 PDCA 循环办事，如图 1-1 所示。P 表示计划（plan），D 表示实施（do），C 表示检查（check），A 表示处置（action）。

计划是明确目标并制定实现目标的行动方案，在建设工程项目的实施中，计划是指各相关主体根据其任务目标和责任范围，确定质量控制的组织制度、工作程序、技术方法、业务流程、资源配置、试验要求、质量记录方式、不合格处理、管理措施等具体内容和做法的文件，计划还必须对其实现预期目标的可行性、有效性、经济合理性进行分析、论证，按照规定的程序与权限审批执行。

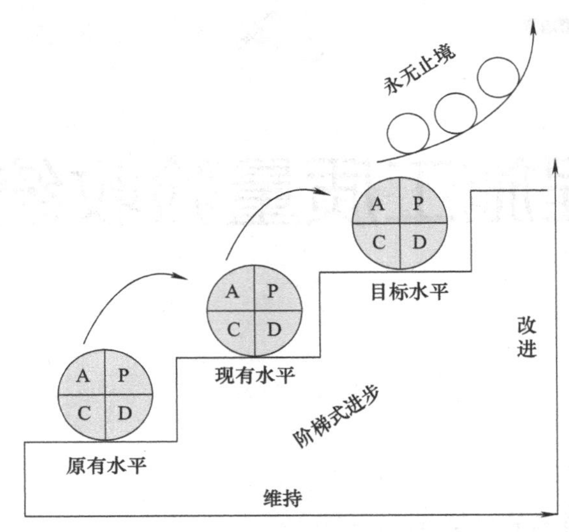

图 1-1　PDCA 循环原理

实施包含两个环节，即计划行动方案的交底和按计划规定的方法与要求开展工程作业技术活动。其目的在于使具体的作业者和管理者明确计划的意图和要求，掌握标准，从而规范行为，全面执行计划的行动方案，步调一 致地去努力实现预期的目标。

检查指对计划实施过程进行各种检查，包括作业者的自检、互检和专职管理者专检。各类检查都包含两大方面：一是检查是否严格执行了计划的行动方案，实际条件是否发生了变化以及不执行计划的原因；二是检查计划执行的结果，即产出的质量是否达到标准的要求，对此进行确认和评价。

处置指对于质量检查所发现的质量问题或质量不合格及时进行原因分析，采取必要措施予以纠正，保持质量形成的受控状态，处置分纠偏和预防两个步骤。

（二）三阶段控制管理理念

三阶段控制就是通常所说的事前控制、事中控制和事后控制，这三阶段控制构成了质量控制的系统过程。

事前控制要求预先进行周密的质量计划，尤其是在工程项目施工阶段要制定质量计划、编制施工组织设计或施工项目管理实施规划，并且都必须建立在切实可行、有效实现预期质量目标的基础上，作为一种行动方案进行施工部署。事前控制的内涵包括两方面：一是强调质量目标的计划预控，二是按质量计划进行质量活动前的准备工作状态的控制。

事中控制首先是对质量活动的行为约束，即对质量产生过程中，各项作业活动操作者的自我行为约束；其次是质量活动过程和结果来自他人的监督控制，包括企业内部管理者的检查和企业外部工程监理、政府质量监督部门的监控。事中控制包含自控和监控两个环节，关键是要增强质量意识，因此在质量活动中，通过监督机制和激励机制相结合的管理方法，发挥操作者更好的自我控制能力以达到质量控制的效果是可行的。

事后控制包括对质量活动结果的评价认定和对质量偏差的纠正。事前控制越周密，事中控制越严格，实现质量目标的概率越大，理想状况是各项作业活动一次合格，但实际上，由于客观因素、偶然因素等影响，会导致部分工程达不到一次合格。因此，当质量的实际值与目标值超出允许偏差时，就必须要分析原因，采取纠偏措施，保证质量处于受控状态。

以上三个环节不是孤立和截然分开的，而是一个系统过程，实际上也就是 PDCA 循环具体化，在每次滚动循环中不断提高，达到质量管理的持续改进。

（三）三全控制管理理念

三全控制包括全面质量控制、全过程质量控制和全员质量控制。

全面质量控制包括建设工程各参与主体的工程质量与工作质量的全面控制，如：业主、监理、勘察、设计、施工总承包、施工分包、材料设备供应商等。任何一方、任何环节的怠慢疏忽或质量责任不到位都会造成对建设工程质量的影响。

全过程质量控制是指根据工程质量的形成规律，从源头抓起，全过程推进。按照建设程序，从项目建议书或建设构想提出，历经项目鉴别、选择、策划、可研、决策、立项、勘察、设计、发包、施工、验收、使用等各个环节，构成建设项目的总过程。

全员质量控制是指全员参与质量控制，无论是组织内部的管理者还是作业者，每个岗位都承担相应的质量职能，一旦确定了质量方针目标，就应组织和动员全体员工参与到实施质量方针的系统活动中，要发挥每个人的作用。

三个建筑工程质量管理理念，即“PDCA 循环的管理理念、三阶段控制的管理理念、三全控制的管理理念”，在对建筑工程质量进行控制时要综合运用。

二、基本规定

（1）施工现场应具有健全的质量管理体系、相应的施工技术标准、施工质量检验制度和综合施工质量水平评定考核制度，施工现场质量管理可按表 1-1 的要求进行检查记录。

（2）未实行监理的建筑工程，建设单位相关人员应履行《建筑工程施工质量验收统一标准》（GB 50300—2013）涉及的监理职责。

（3）建筑工程的施工质量控制应符合下列规定：

1）建筑工程采用的主要材料、半成品、成品、建筑构配件、器具和设备应进场验收。凡涉及安全、节能、环境保护和主要使用功能的重要材料、产品，应按各专业工程施工规范、验收规范和设计文件等规定进行复检，并应经监理工程师检查认可。

2）各施工工序应按施工技术标准进行质量控制，每道施工工序完成后，经施工单位自检符合规定后，才能进行下道工序施工。各专业工种之间的相关工序应进行交接检验，并形成记录。

3）对于监理单位提出检查要求的重要工序，应经监理工程师检查认可，才能进行下道工序施工。

（4）符合下列条件之一时，可按相关专业验收规范的规定适当调整抽样复验、试验数量，调整后的抽样复验、试验方案应由施工单位编制，并报监理单位审核确认。

1）同一项目中由相同施工单位施工的多个单位工程，使用同一生产厂家的同品种、同规格、同批次的材料、构配件、设备时。

表 1-1　施工现场质量管理检查记录

开工日期：　　年　月　日

<table>
<tr><td>工程名称</td><td colspan="2"></td><td>施工许可证号</td><td colspan="2"></td></tr>
<tr><td>建设单位</td><td colspan="2"></td><td>项目负责人</td><td colspan="2"></td></tr>
<tr><td>设计单位</td><td colspan="2"></td><td>项目负责人</td><td colspan="2"></td></tr>
<tr><td>监理单位</td><td colspan="2"></td><td>总监理工程师</td><td colspan="2"></td></tr>
<tr><td>施工单位</td><td></td><td>项目负责人</td><td></td><td>项目技术负责人</td><td></td></tr>
</table>

序号	项　　目	主 要 内 容
1	项目部质量管理体系	
2	现场质量责任制	
3	主要专业工种操作岗位证书	
4	分包单位管理制度	
5	图纸会审记录	
6	地质勘察资料	
7	施工技术标准	
8	施工组织设计、施工方案编制及审批	
9	物资采购管理制度	
10	施工设施和机械设备管理制度	
11	计量设备配备	
12	检测试验管理制度	
13	工程质量检查验收制度	
14		

自检结果： 施工单位项目负责人：　　年　月　日	检查结论： 总监理工程师：　　年　月　日

2）同一施工单位在现场加工的成品、半成品、构配件用于同一项目中的多个单位工程。

3）在同一项目中，针对同一抽样对象已有检验成果可以重复利用。

（5）当专业验收规范对工程中的验收项目未作出相应规定时，应由建设单位组织监理、设计、施工等相关单位制定专项验收要求。涉及安全、节能、环境保护等项目的专项验收要求应由建设单位组织专家论证。

表 1-1 填写范例

（6）建筑工程施工质量应按下列要求进行验收：

1）工程质量验收均应在施工单位自检合格的基础上进行。

2）参加工程施工质量验收的各方人员应具备相应的资格。

3）检验批的质量应按主控项目和一般项目验收。

4）对涉及结构安全、节能、环境保护和主要使用功能的试块、试件及材料，应在进场时或施工中按规定进行见证检验。

5）隐蔽工程在隐蔽前应由施工单位通知监理单位进行验收，并应形成验收文件，验收合格后方可继续施工。

6）对涉及结构安全、节能、环境保护和使用功能的重要分部工程，应在验收前按规定进行抽样检测。

7）工程的观感质量应由验收人员现场检查，并应共同确认。

（7）建筑工程施工质量验收合格应符合下列要求：

1）符合工程勘察、设计文件的要求。

2）符合《建筑工程施工质量验收统一标准》（GB 50300—2013）和相关专业验收规范的规定。

（8）检验批的质量检验，应根据检验项目的特点在下列抽样方案中进行选择：

1）计量、计数或计量—计数等抽样方案。

2）一次、二次或多次抽样方案。

3）对重要的检验项目，当有简易快速的检验方法时，选用全数检验方案。

4）根据生产连续性和生产控制稳定性情况，采用调整型抽样方案。

5）经实践证明有效的抽样方案。

（9）检验批抽样样本应随机抽取，满足分布均匀、具有代表性的要求，抽样数量应符合有关专业验收规范的规定。当采用计数抽样时，最小抽样数量应符合表1-2的规定。

表1-2　检验批最小抽样数量

检验批的容量	最小抽样数量	检验批的容量	最小抽样数量
2～15	2	151～280	13
16～25	3	281～500	20
26～90	5	501～1200	32
91～150	8	1201～3200	50

明显不合格的个体可不纳入检验批，但应进行处理，使其满足有关专业验收规范的规定，并对处理情况予以记录并重新验收。

（10）计量抽样的错判概率α和漏判概率β可按下列规定采取：

1）主控项目：对应于合格质量水平的α和β均不宜超过5%。

2）一般项目：对应于合格质量水平的α不宜超过5%，β不宜超过10%。

三、建筑工程质量验收的划分

建筑工程质量验收的划分

建筑工程质量验收划分原则如下：

（1）建筑工程施工质量验收应划分为单位工程、分部工程、分项工程和检验批。

（2）单位工程应按下列原则划分：

1）具备独立施工条件并能形成独立使用功能的建筑物或构筑物为一个单位工程。

2）对于规模较大的单位工程，可将其能形成独立使用功能的部分为一个子单位工程。

（3）分部工程应按下列原则划分：

1）可按专业性质、工程部位确定。

2）当分部工程较大或较复杂时，可按材料种类、施工特点、施工程序、专业系统及类别将分部工程划分为若干子分部工程。

（4）分项工程可按主要工种、材料、施工工艺、设备类别等进行划分。

（5）检验批可根据施工、质量控制和专业验收的需要，按工程量、楼层、施工段、变形缝进行划分。

（6）建筑工程的分部工程、分项工程划分宜按表 1-3 进行。

（7）施工前，应由施工单位制定分项工程和检验批的划分方案，并由监理单位审核。对于表 1-3 及相关专业验收规范未涵盖的分项工程和检验批，可由建设单位组织监理、施工等单位协商确定。

表 1-3　建筑工程的分部工程、分项工程划分

序号	分部工程	子分部工程	分项工程
1	地基与基础	地基	素土、灰土地基，砂和砂石地基、土工合成材料地基，粉煤灰地基，强夯地基，注浆地基，预压地基，砂石桩复合地基，高压旋喷注浆地基，水泥土搅拌桩地基，土和灰土挤密桩复合地基，水泥粉煤灰碎石桩复合地基，夯实水泥土桩复合地基
		基础	无筋扩展基础，钢筋混凝土扩展基础，筏形与箱形基础，钢结构基础，钢管混凝土结构基础，型钢混凝土结构基础，钢筋混凝土预制桩基础，泥浆护壁成孔灌注桩基础，干作业成孔桩基础，长螺旋钻孔压灌桩基础，沉管灌注桩基础，钢桩基础，锚杆静压桩基础，岩石锚杆基础，沉井与沉箱基础
		基坑支护	灌注桩排桩围护墙，板桩围护墙，咬合桩围护墙，型钢水泥土搅拌墙，土钉墙，地下连续墙，水泥土重力式挡墙，内支撑，锚杆，与主体结构相结合的基坑支护
		地下水控制	降水与排水，回灌
		土方	土方开挖，土方回填，场地平整
		边坡	喷锚支护，挡土墙，边坡开挖
		地下防水	主体结构防水，细部构造防水，特殊施工法结构防水，排水，注浆

（续）

序号	分部工程	子分部工程	分项工程
2	主体结构	混凝土结构	模板，钢筋，混凝土，预应力、现浇结构，装配式结构
		砌体结构	砖砌体，混凝土小型空心砌块砌体，石砌体，配筋砌体，填充墙砌体
		钢结构	钢结构焊接，紧固件连接，钢零部件加工，钢构件组装及预拼装，单层钢结构安装，多层及高层钢结构安装，钢管结构安装，预应力钢索和膜结构，压型金属板，防腐涂料涂装，防火涂料涂装
		钢管混凝土结构	构件现场拼装，构件安装，钢管焊接，构件连接，钢管内钢筋骨架，混凝土
		型钢混凝土结构	型钢焊接，紧固件连接，型钢与钢筋连接，型钢构件组装及预拼装，型钢安装，模板，混凝土
		铝合金结构	铝合金焊接，紧固件连接，铝合金零部件加工，铝合金构件组装，铝合金构件预拼装，铝合金框架结构安装，铝合金空间网格结构安装，铝合金面板，铝合金幕墙结构安装，防腐处理
		木结构	方木和原木结构，胶合木结构，轻型木结构，木结构的防护
3	建筑装饰装修	建筑地面	基层铺设，整体面层铺设，板块面层铺设，木、竹面层铺设
		抹灰	一般抹灰，保温层薄抹灰，装饰抹灰，清水砌体勾缝
		外墙防水	外墙砂浆防水，涂膜防水，透气膜防水
		门窗	木门窗安装，金属门窗安装，塑料门窗安装，特种门安装，门窗玻璃安装
		吊顶	整体面层吊顶，板块面层吊顶，格栅吊顶
		轻质隔墙	板材隔墙，骨架隔墙，活动隔墙，玻璃隔墙
		饰面板	石板安装，陶瓷板安装，木板安装，金属板安装，塑料板安装
		饰面砖	外墙饰面砖粘贴，内墙饰面砖粘贴
		幕墙	玻璃幕墙安装，金属幕墙安装，石材幕墙安装，陶板幕墙安装
		涂饰	水性涂料涂饰，溶剂型涂料涂饰，美术涂饰
		裱糊与软包	裱糊，软包
		细部	橱柜制作与安装，窗帘盒和窗台板制作与安装，门窗套制作与安装，护栏和扶手制作与安装，花饰制作与安装
4	屋面	基层与保护	找平层和找坡层，隔汽层，隔离层，保护层
		保温与隔热	板状材料保温层，纤维材料保温层，喷涂硬泡聚氨酯保温层，现浇泡沫混凝土保温层，种植隔热层，架空隔热层，蓄水隔热层
		防水与密封	卷材防水层，涂膜防水层，复合防水层，接缝密封防水
		瓦面与板面	烧结瓦和混凝土瓦铺装，沥青瓦铺装，金属板铺装，玻璃采光顶铺装
		细部构造	檐口，檐沟和天沟，女儿墙和山墙，水落口，变形缝，伸出屋面管道，屋面出入口，反梁过水孔，设施基座，屋脊，屋顶面

（续）

序号	分部工程	子分部工程	分项工程
5	建筑给水排水及供暖	略	
6	通风与空调	略	
7	建筑电气	略	
8	智能建筑	略	
9	建筑节能	略	
10	电梯	略	

（8）室外工程可根据专业类别和工程规模按表1-4的规定划分子单位工程、分部工程和分项工程。

表1-4　室外工程划分

单位工程	子单位工程	分部（子分部）工程
室外设施	道路	路基、基层、面层、广场与停车场、人行道、人行地道、挡土墙、附属构筑物
	边坡	土石方、挡土墙、支护
附属建筑及室外环境	附属建筑	车棚，围墙，大门，挡土墙
	室外环境	建筑小品，亭台，水景，连廊，花坛，场坪绿化，景观桥

四、建筑工程质量验收规定

建筑工程质量验收

检验批、分项工程、分部工程和单位工程的质量验收合格规定如下。

（1）检验批质量验收合格应符合下列规定：

1）主控项目的质量经抽样检验均应合格。

2）一般项目的质量经抽样检验合格。当采用计数抽样时，合格点率应符合有关专业验收规范的规定，且不得存在严重缺陷。对于计数抽样的一般项目，正常检验一次抽样应按表1-5判定，正常检验二次抽样应按表1-6判定，抽样方案应在抽样前确定。

表1-5　一般项目正常检验一次性抽样的判定

样本容量	合格判定数	不合格判定数	样本容量	合格判定数	不合格判定数
5	1	2	32	7	8
8	2	3	50	10	11
13	3	4	80	14	15
20	5	6	125	21	22

表 1-6　一般项目正常检验二次性抽样的判定

抽样次数	样本容量	合格判定数	不合格判定数	抽样次数	样本容量	合格判定数	不合格判定数
(1) (2)	3 6	0 1	2 2	(1) (2)	20 40	3 9	6 10
(1) (2)	5 10	0 3	3 4	(1) (2)	32 64	5 12	9 13
(1) (2)	8 16	1 4	3 5	(1) (2)	50 100	7 18	11 19
(1) (2)	13 26	2 6	5 7	(1) (2)	80 160	11 26	16 27

注：1.（1）和（2）表示抽样次数，（2）对应的样本容量为两次抽样的累计数量。
2. 样本容量在表 1-5 或表 1-6 给出的数值之间时，合格判定数可通过插值并四舍五入取整确定。

3）具有完整的施工操作依据、质量验收记录。

（2）分项工程质量验收合格应符合下列规定：

1）所含检验批的质量均应验收合格。

2）所含检验批的质量验收记录应完整。

（3）分部工程质量验收合格应符合下列规定：

1）所含分项工程的质量均应验收合格。

2）质量控制资料应完整。

3）有关安全、节能、环境保护和主要使用功能的抽样检验结果应符合有关规定。

4）观感质量应符合要求。

（4）单位工程质量验收合格应符合下列规定：

1）所含分部工程的质量均应验收合格。

2）质量控制资料应完整。

3）所含分部工程中有关安全、节能、环境保护和主要使用功能的检验资料应完整。

4）主要使用功能项目的抽查结果应符合相关专业验收规范的规定。

5）观感质量应符合要求。

（5）建筑工程施工质量验收记录可按下列规定填写：

1）检验批质量验收记录可按表 1-7 填写，填写时应具有现场验收检查原始记录。

表 1-7　______检验批质量验收记录　　　　编号：

单位（子单位）工程名称		分部（子分部）工程名称		分项工程名称	
施工单位		项目负责人		检验批容量	
分包单位		分包单位项目负责人		检验批部位	
施工依据			验收依据		

（续）

<table>
<tr><td colspan="3">验 收 项 目</td><td>设计要求及
规范规定</td><td>最小/实际
抽样数量</td><td>检 查 记 录</td><td>检查结果</td></tr>
<tr><td rowspan="3">主
控
项
目</td><td>1</td><td></td><td></td><td></td><td></td><td></td></tr>
<tr><td>2</td><td></td><td></td><td></td><td></td><td></td></tr>
<tr><td>3</td><td></td><td></td><td></td><td></td><td></td></tr>
<tr><td rowspan="4">一
般
项
目</td><td>1</td><td></td><td></td><td></td><td></td><td></td></tr>
<tr><td>2</td><td></td><td></td><td></td><td></td><td></td></tr>
<tr><td rowspan="2">3</td><td></td><td></td><td></td><td></td><td></td></tr>
<tr><td></td><td></td><td></td><td></td><td></td></tr>
<tr><td colspan="3">施工单位
检查结论</td><td colspan="4">专业工长：
项目专业质量检查员：
年　月　日</td></tr>
<tr><td colspan="3">监理单位
验收结论</td><td colspan="4">专业监理工程师：
年　月　日</td></tr>
</table>

表 1-7 填写范例

2）分项工程质量验收记录可按表 1-8 填写。

表 1-8　______分项工程质量验收记录　　编号：

<table>
<tr><td>单位（子单位）
工程名称</td><td></td><td>分部（子分部）
工程名称</td><td colspan="3"></td></tr>
<tr><td>分项工程数量</td><td></td><td>检验批数量</td><td colspan="3"></td></tr>
<tr><td>施工单位</td><td></td><td>项目负责人</td><td></td><td>项目技术
负责人</td><td></td></tr>
<tr><td>分包单位</td><td></td><td>分包单位
项目负责人</td><td></td><td>分包内容</td><td></td></tr>
</table>

（续）

序号	检验批名称	检验批容量	部位/区段	施工单位检查结果	监理单位验收结论
1					
2					
3					
4					
5					
6					
7					
8					
9					
10					
11					
12					
13					
14					
15					

说明：

施工单位 检查结论	项目专业技术负责人： 年　月　日
监理单位 验收结论	专业监理工程师： 年　月　日

表 1-8 填写范例

3）分部工程质量验收记录可按表 1-9 填写。

表 1-9 ______分部工程质量验收记录 编号：

<table>
<tr><td colspan="2">单位（子单位）工程名称</td><td colspan="2"></td><td>子分部工程数量</td><td></td><td>分项工程数量</td><td></td></tr>
<tr><td colspan="2">施工单位</td><td colspan="2"></td><td>项目负责人</td><td></td><td>技术（质量）负责人</td><td></td></tr>
<tr><td colspan="2">分包单位</td><td colspan="2"></td><td>分包单位负责人</td><td></td><td>分包内容</td><td></td></tr>
<tr><td>序号</td><td>子分部工程名称</td><td>分项工程名称</td><td>检验批数量</td><td colspan="2">施工单位检查结果</td><td colspan="2">监理单位验收结论</td></tr>
<tr><td>1</td><td></td><td></td><td></td><td colspan="2"></td><td colspan="2"></td></tr>
<tr><td>2</td><td></td><td></td><td></td><td colspan="2"></td><td colspan="2"></td></tr>
<tr><td>3</td><td></td><td></td><td></td><td colspan="2"></td><td colspan="2"></td></tr>
<tr><td>4</td><td></td><td></td><td></td><td colspan="2"></td><td colspan="2"></td></tr>
<tr><td>5</td><td></td><td></td><td></td><td colspan="2"></td><td colspan="2"></td></tr>
<tr><td>6</td><td></td><td></td><td></td><td colspan="2"></td><td colspan="2"></td></tr>
<tr><td>7</td><td></td><td></td><td></td><td colspan="2"></td><td colspan="2"></td></tr>
<tr><td>8</td><td></td><td></td><td></td><td colspan="2"></td><td colspan="2"></td></tr>
<tr><td colspan="4">质量控制资料</td><td colspan="2"></td><td colspan="2"></td></tr>
<tr><td colspan="4">安全和功能检验报告</td><td colspan="2"></td><td colspan="2"></td></tr>
<tr><td colspan="4">观感质量检验结果</td><td colspan="4"></td></tr>
<tr><td>综合验收结论</td><td colspan="7"></td></tr>
<tr><td colspan="2">施工单位
项目负责人：
年 月 日</td><td colspan="2">勘察单位
项目负责人：
年 月 日</td><td colspan="2">设计单位
项目负责人：
年 月 日</td><td colspan="2">监理单位
总监理工程师：
年 月 日</td></tr>
</table>

注：1. 地基与基础分部工程的验收应由施工、勘察、设计单位项目负责人和总监理工程师参加并签字。

2. 主体结构、节能分部工程的验收应由施工、设计单位项目负责人和总监理工程师参加并签字。

4）单位工程质量竣工验收记录可按表 1-10 填写，单位工程质量控制资料核查记录可按表 1-11 填写，单位工程安全和功能检验资料核查及主要功能抽查记录可按表 1-12 填写，单位工程观感质量检查记录可按表 1-13 填写。

表 1-9 填写范例

表 1-10　单位工程质量竣工验收记录

<table>
<tr><td>工程名称</td><td colspan="2"></td><td>结构类型</td><td></td><td>层数/建筑面积</td><td></td></tr>
<tr><td>施工单位</td><td colspan="2"></td><td>技术负责人</td><td></td><td>开工日期</td><td>年　月　日</td></tr>
<tr><td>项目负责人</td><td colspan="2"></td><td>项目技术负责人</td><td></td><td>完工日期</td><td>年　月　日</td></tr>
<tr><td>序号</td><td colspan="2">项　　目</td><td colspan="2">验 收 记 录</td><td colspan="2">验 收 结 论</td></tr>
<tr><td>1</td><td colspan="2">分部工程验收</td><td colspan="2">共　分部，经查符合设计及标准规定　分部</td><td colspan="2"></td></tr>
<tr><td>2</td><td colspan="2">质量控制资料核查</td><td colspan="2">共　项，经核查符合规定　项</td><td colspan="2"></td></tr>
<tr><td>3</td><td colspan="2">安全和主要使用功能核查及抽查结果</td><td colspan="2">共核查　项，符合规定　项，共抽查　项，符合规定　项，经返工处理符合规定　项</td><td colspan="2"></td></tr>
<tr><td>4</td><td colspan="2">观感质量验收</td><td colspan="2">共抽查　项，达到“好”和“一般”的　项，经返修处理符合要求的　项</td><td colspan="2"></td></tr>
<tr><td colspan="3">综合验收结论</td><td colspan="4"></td></tr>
<tr><td rowspan="2">参加验收单位</td><td>建 设 单 位</td><td>监 理 单 位</td><td>施 工 单 位</td><td>设 计 单 位</td><td colspan="2">勘 察 单 位</td></tr>
<tr><td>（公章）
项目负责人：
年　月　日</td><td>（公章）
总监理工程师：
年　月　日</td><td>（公章）
项目负责人：
年　月　日</td><td>（公章）
项目负责人：
年　月　日</td><td colspan="2">（公章）
项目负责人：
年　月　日</td></tr>
</table>

注：单位工程验收时，验收签字人员应由相应单位的法人代表书面授权。

表 1-10 填写范例

表 1-11　单位工程质量控制资料核查记录

<table>
<tr><td colspan="2">工程名称</td><td colspan="2"></td><td>施工单位</td><td colspan="3"></td></tr>
<tr><td rowspan="2">序号</td><td rowspan="2">项目</td><td rowspan="2">资 料 名 称</td><td rowspan="2">份数</td><td colspan="2">施 工 单 位</td><td colspan="2">监 理 单 位</td></tr>
<tr><td>核查意见</td><td>核查人</td><td>核查意见</td><td>核查人</td></tr>
<tr><td>1</td><td rowspan="5">建筑与结构</td><td>图纸会审记录、设计变更通知单、工程洽商记录</td><td></td><td></td><td rowspan="5"></td><td></td><td rowspan="5"></td></tr>
<tr><td>2</td><td>工程定位测量、放线记录</td><td></td><td></td><td></td></tr>
<tr><td>3</td><td>原材料出厂合格证及进场检验、试验报告</td><td></td><td></td><td></td></tr>
<tr><td>4</td><td>施工试验报告及见证检测报告</td><td></td><td></td><td></td></tr>
<tr><td>5</td><td>隐蔽工程验收记录</td><td></td><td></td><td></td></tr>
</table>

（续）

序号	项目	资料名称	份数	施工单位		监理单位	
				核查意见	核查人	核查意见	核查人
6	建筑与结构	施工记录					
7		地基基础、主体结构检验及抽样检测资料					
8		分项工程、分部工程质量验收记录					
9		工程质量事故调查处理资料					
10		新技术论证、备案及施工记录					
给水排水与供暖		略					
通风与空调		略					
建筑电气		略					
智能建筑		略					
建筑节能		略					
电梯		略					

结论：

施工单位项目负责人：　　　　　　　　总监理工程师：

年　月　日　　　　　　　　年　月　日

表 1-11 填写范例

表 1-12　单位工程安全和功能检验资料核查及主要功能抽查记录

工程名称			施工单位			
序号	项目	安全和功能检查项目	份数	核查意见	抽查结果	核查（抽查）人
1	建筑与结构	地基承载力检验报告				
2		桩基承载力检验报告				
3		混凝土强度试验报告				
4		砂浆强度试验报告				
5		主体结构尺寸、位置抽查记录				

（续）

序号	项目	安全和功能检查项目	份数	核查意见	抽查结果	核查（抽查）人
6	建筑与结构	建筑物垂直度、标高、全高测量记录				
7		屋面淋水或蓄水试验记录				
8		地下室渗漏水检测记录				
9		有防水要求的地面蓄水试验记录				
10		抽气（风）道检查记录				
11		外窗气密性、水密性、耐风压检测报告				
12		幕墙气密性、水密性、耐风压检测报告				
13		建筑物沉降观测测量记录				
14		节能、保温测试记录				
15		室内环境检测报告				
16		土壤氡气浓度检测报告				
给水排水与供暖		略				
通风与空调		略				
建筑电气		略				
智能建筑		略				
建筑节能		略				
电梯		略				
结论：						
施工单位项目负责人： 年 月 日			总监理工程师： 年 月 日			

注：抽查项目由验收组协商确定。

表 1-12 填写范例

表 1-13 单位工程观感质量检查记录

工程名称			施工单位	
序号	项 目		抽查质量状况	质 量 评 价
1	建筑与结构	主体结构外观	共检查 点，好 点，一般 点，差 点	
2		室外墙面	共检查 点，好 点，一般 点，差 点	
3		变形缝、雨水管	共检查 点，好 点，一般 点，差 点	

（续）

序号	项目		抽查质量状况	质量评价
4	建筑与结构	屋面	共检查　点，好　点，一般　点，差　点	
5		室内墙面	共检查　点，好　点，一般　点，差　点	
6		室内顶棚	共检查　点，好　点，一般　点，差　点	
7		室内地面	共检查　点，好　点，一般　点，差　点	
8		楼梯、踏步、护栏	共检查　点，好　点，一般　点，差　点	
9		门窗	共检查　点，好　点，一般　点，差　点	
10		雨罩、台阶、坡道、散水	共检查　点，好　点，一般　点，差　点	
给水排水与供暖		略		
通风与空调		略		
建筑电气		略		
智能建筑		略		
电梯		略		
观感质量综合评价				
结论： 施工单位项目负责人：　　年　月　日 总监理工程师：　　年　月　日				

注：1. 对质量评价为差的项目应进行返修。

2. 观感质量现场检查原始记录应作为本表附件。

(6) 当建筑工程施工质量不符合要求时，应按下列规定进行处理：

表 1-13 填写范例

1）经返工或返修的检验批，应重新进行验收。

2）经有资质的检测机构检测鉴定能够达到设计要求的检验批，应予以验收。

3）经有资质的检测机构检测鉴定达不到设计要求、但经原设计单位核算认可能够满足安全和使用功能的检验批，可予以验收。

4）经返修或加固处理的分项工程、分部工程，满足安全及使用功能要求时，可按技术处理方案和协商文件的要求予以验收。

(7) 工程质量控制资料应齐全完整。当部分资料缺失时，应委托有资质的检测机构按有关标准进行相应的实体检验或抽样试验。

(8) 经返修或加固处理仍不能满足安全或重要使用要求的分部工程及单位工程，严禁验收。

建筑工程质量验收的程序和组织

五、建筑工程质量验收的程序和组织

检验批、分项工程、分部工程和单位工程的质量验收程序如下：

(1) 检验批应由专业监理工程师组织施工单位项目专业质量检查员、专业工长等进行验收。

（2）分项工程应由专业监理工程师组织施工单位项目专业技术负责人等进行验收。

（3）分部工程应由总监理工程师组织施工单位项目负责人和项目技术负责人等进行验收。勘察、设计单位项目负责人和施工单位技术、质量部门负责人应参加地基与基础分部工程的验收。设计单位项目负责人和施工单位技术、质量部门负责人应参加主体结构、节能分部工程的验收。

（4）单位工程中的分包工程完工后，分包单位应对所承包的工程项目进行自检，并应按标准规定的程序进行验收。验收时，总承包单位应派人参加。分包单位应将所分包工程的质量控制资料整理完整，并移交给总承包单位。

（5）单位工程完工后，施工单位应自行组织有关人员进行自检，总监理工程师应组织专业监理工程师对工程质量进行竣工预验收。存在施工质量问题时，应由施工单位整改。整改完毕后，由施工单位向建设单位提交工程竣工报告，申请工程竣工验收。

（6）建设单位收到工程竣工验收报告后，应由建设单位项目负责人组织监理、施工、设计、勘察等单位项目负责人进行单位工程验收。

【例题】 某市银行大厦是一座现代化的智能型建筑，建筑面积50000m^2，施工总承包单位是该市第一建筑公司，由于该工程设备先进，要求高，因此，该公司将机电设备安装工程分包给具有相应资质的某合资安装公司。

问题：

1. 工程质量验收分为哪两类？
2. 该银行大厦主体和其他分部工程验收的程序和组织是什么？
3. 该机电设备安装分包工程验收的程序和组织是什么？

例题答案

【综合案例】 某教学楼工程，建筑总面积为30000m^2，现浇钢筋混凝土框架结构，筏形基础。该工程位于市中心，场地狭小，开挖土方需运至指定地点。建设单位通过公开招标的方式选定了施工总承包单位和监理单位，其中机电设备安装工程分包给具有相应资质的某安装公司，均按规定签订了合同。

基础工程施工完成后，在施工总承包单位自检合格、总监理工程师签署“质量控制资料符合要求”的审查意见基础上，施工总承包单位项目经理组织施工单位质量部门负责人、监理工程师进行了分部工程验收。

在第5层混凝土部分试块检测时发现强度达不到设计要求，但实体经有资质的检测单位检测鉴定，强度达到了要求。由于加强了预防和检查，没有再发生类似情况。该楼最终顺利完工，达到验收条件后，建设单位组织了竣工验收。

问题：

1. 建筑工程质量验收划分为哪几类？
2. 工序质量管理时重点工作有哪些？
3. 该基础工程验收是否妥当？说明理由。
4. 该机电设备安装分包工程验收的程序和组织是什么？
5. 第5层的质量问题是否需要处理？请说明理由。
6. 如果第5层混凝土强度经检测达不到要求，施工单位如何处理？

建筑工程质量验收综合案例

本章小结

本章主要介绍了建筑工程质量管理理念、建筑工程施工质量验收基本规定、建筑工程质量验收的划分、建筑工程质量验收及建筑工程质量验收的程序和组织五大部分内容。

建筑工程质量管理理念主要介绍了PDCA循环管理理念、三阶段控制管理理念和三全控制管理理念。

建筑工程施工质量验收基本规定主要介绍了建筑工程的施工质量控制规定和建筑工程施工质量验收合格的相关要求等。

建筑工程质量验收的划分主要介绍了单位工程、分部工程、分项工程和检验批的划分原则。

建筑工程质量验收主要介绍了检验批、分项工程、分部工程和单位工程的质量验收合格规定。

建筑工程质量验收的程序和组织主要介绍了检验批、分项工程、分部工程和单位工程的质量验收程序。

课后习题

一、单项选择题

1. 各施工工序应按施工技术标准进行质量控制，每道施工工序完成后，经（　　）自检符合规定后，才能进行下道工序施工。

A. 建设单位　　B. 监理单位
C. 施工单位　　D. 设计单位

2. 隐蔽工程在隐蔽前应由施工单位通知（　　）进行验收，并应形成验收文件，验收合格后方可继续施工。

A. 建设单位　　B. 监理单位
C. 施工单位　　D. 设计单位

3. 对涉及结构安全、节能、环境保护和主要使用功能的试块、试件及材料，应在进场时或施工中按规定进行（　　）。

A. 抽样检验　　B. 见证检验　　C. 计量检验　　D. 计数检验

4. 见证取样检测是检测试样在（　　）见证下，由施工单位有关人员现场取样，并委托检测机构所进行的检测。

A. 监理单位具有见证人员证书的人员
B. 建设单位授权的具有见证人员证书的人员
C. 监理单位或建设单位具备见证资格的人员
D. 设计单位项目负责人

5. 具备独立施工条件并能形成独立使用功能的建筑物或构筑物为一个（　　）。

A. 单位工程　　B. 分部工程　　C. 分项工程　　D. 检验批

6. 建筑工程质量验收应划分为单位（子单位）工程、分部（子分部）工程、分项工程

和（　　）。

A. 验收部位　　B. 工序　　C. 检验批　　D. 专业验收

7. 建筑地面工程属于（　　）分部工程。

A. 建筑装饰　　B. 建筑装修　　C. 地面与楼面　　D. 建筑装饰装修

8. 检验批质量验收时，主控项目的质量经抽样检验（　　）合格。

A. 50%　　B. 75%　　C. 90%　　D. 均应

9. 经返修或加固处理仍不能满足安全或重要使用要求的分部工程及单位工程，（　　）验收。

A. 可以　　B. 让步　　C. 降级　　D. 严禁

10. 分部工程应由（　　）组织施工单位项目负责人和项目技术负责人等进行验收。

A. 项目经理　　B. 总监理工程师

C. 专业监理工程师　　D. 施工单位技术负责人

二、简答题

1. 简述建筑工程施工质量验收合格的规定。

2. 简述建筑工程质量不符合要求时的处理规定。

3. 简述地基与基础工程验收的程序。

三、案例题

某教学楼长 75.76m，宽 25.2m，共 7 层，室内外高差为 450mm。1~7 层每层层高均为 4.2m，顶层水箱间层高 3.9m，建筑高度 29.85m（室外设计地面到平屋面面层），建筑总高度 30.75m（室外设计地面到平屋面女儿墙）。在第 4 层混凝土部分试块检测时发现强度达不到设计要求，但实体经有资质的检测单位检测鉴定，强度达到了要求。由于加强了预防和检查，没有再发生类似情况。该楼最终顺利完工，达到验收条件后，建设单位组织了竣工验收。

问题：

1. 工序质量控制的内容有哪些？

2. 第 4 层的质量问题是否需要处理？请说明理由。

3. 如果第 4 层混凝土强度经检测达不到要求，施工单位如何处理？

4. 该教学楼达到什么条件后方可竣工验收？

项目二

地基与基础工程

【教学目标】

（一）知识目标

1. 了解地基与基础工程施工质量控制要点。
2. 熟悉地基与基础工程施工常见质量问题及预防措施。
3. 掌握地基与基础工程验收标准、验收内容和验收方法。

（二）能力目标

1. 能根据《建筑工程施工质量验收统一标准》（GB 50300—2013）和《建筑地基基础工程施工质量验收标准》（GB 50202—2018），运用质量验收方法、验收内容等知识，对地基与基础工程进行验收和评定。
2. 能根据《建筑地基处理技术规范》（JGJ 79—2012）、《建筑桩基技术规范》（JGJ 94—2008）及施工方案文件等，对地基与基础工程常见质量问题进行预控。

任务一　土方工程质量控制与验收

在土石方工程开挖施工前，应完成支护结构、地面排水、地下水控制、基坑及周边环境监测、施工条件验收和应急预案准备等工作的验收，合格后方可进行土石方开挖。

在土石方工程开挖施工中，应定期测量和校核设计平面位置、边坡坡率和水平标高。平面控制桩和水准控制点应采取可靠措施加以保护，并应定期检查和复测。土石方不应堆在基坑影响范围内。

土石方开挖的顺序、方法必须与设计工况和施工方案相一致，并应遵循“开槽支撑，先撑后挖，分层开挖，严禁超挖”的原则。

平整后的场地表面坡率应符合设计要求，设计无要求时，沿排水沟方向的坡率不应小于2‰，平整后的场地表面应逐点检查。土石方工程的标高检查点为每 $100m^2$ 取 1 点，且不应少于 10 点；土石方工程的平面几何尺寸（长度、宽度等）应全数检查；土石方工程的边坡为每 20m 取 1 点，且每边不应少于 1 点。土石方工程的表面平整度检查点为每 $100m^2$ 取

1 点，且不应少于 10 点。

一、土方开挖

土方开挖工程质量控制与检验

施工前应检查支护结构质量、定位放线、排水和降低地下水位系统，以及对周边影响范围内地下管线和建（构）筑物保护措施的落实，并应合理安排土方运输车的行走路线及弃土场。附近有重要保护设施的基坑，应在土方开挖前对围护体的止水性能通过预降水进行检验。

施工过程中应检查平面位置、水平标高、边坡坡率、压实度、排水系统、地下水控制系统、预留土墩、分层开挖厚度、支护结构的变形，并随时观测周围环境变化。

施工结束后应检查平面几何尺寸、水平标高、边坡坡率、表面平整度和基底土性等。

临时性挖方工程的边坡坡率允许值见表 2-1。

表 2-1　临时性挖方工程的边坡坡率允许值

土的类别		边坡坡率（高：宽）
砂土（不包括细砂、粉砂）		1：1.25~1：1.50
黏性土	坚硬	1：0.75~1：1.00
	硬塑、可塑	1：1.00~1：1.25
	软塑	1：1.50 或更缓
碎石类土	充填坚硬黏土、硬塑黏土	1：0.50~1：1.00
	充填砂土	1：1.00~1：1.50

注：1. 本表适用于无支护措施的临时性挖方工程的边坡坡率。
2. 设计有要求时，应符合设计标准。
3. 本表适用于地下水位以上的土层。采用降水或其他加固措施时，可不受本表限制，但应计算复核。
4. 一次开挖深度，软土不应超过 4m，硬土不应超过 8m。

土方开挖工程的质量检验标准见表 2-2。

表 2-2　土方开挖工程的质量检验标准

项	序	项　目	允许偏差或允许值					检验方法	检查数量
			柱基基坑基槽/mm	挖方场地平整/mm		管沟/mm	地（路）面基层/mm		
				人工	机械				
主控项目	1	标高	0 -50	±30	±50	0 -50	0 -50	水准测量	每 100m² 取 1 点，且不少于 10 点
	2	长度、宽度（由设计中心线向两边量）	+200 -50	+300 -100	+500 -150	+100 0	设计值	全站仪或用钢尺量	全数检查
	3	坡率	设计值					目测法或用坡度尺检查	每 20m 取 1 点，每边不少于 1 点

（续）

项	序	项　目	允许偏差或允许值					检验方法	检查数量
			柱基基坑基槽/mm	挖方场地平整/mm		管沟/mm	地（路）面基层/mm		
				人工	机械				
一般项目	1	表面平整度	±20	±20	±50	±20	±20	用2m靠尺	每$100m^2$取1点，且不应少于10点
	2	基底土性	设计要求					目测法或土样分析	全数观察检查

注：地（路）面基层的偏差只适用于直接在挖、填方上做地（路）面的基层。

二、土方回填

土方回填工程质量控制与检验

施工前应检查基底的垃圾、树根等杂物清除情况，测量基底标高、边坡坡率，检查验收基础外墙防水层和保护层等。回填料应符合设计要求，并应确定回填料含水量控制范围、铺土厚度、压实遍数等施工参数。

施工中应检查排水系统，每层填筑厚度、辗迹重叠程度、含水量控制、回填土有机质含量、压实系数等。回填施工的压实系数应满足设计要求。当采用分层回填时，应在下层的压实系数经试验合格后进行上层施工。填筑厚度及压实遍数应根据土质、压实系数及压实机具确定。无试验依据时，应符合表2-3的规定。

表2-3　填土施工时的分层厚度及压实遍数

压实机具	分层厚度/mm	每层压实遍数
平碾	250~300	6~8
振动压实机	250~300	3~4
柴油打夯	200~250	3~4
人工打夯	<200	3~4

施工结束后，应进行标高及压实系数检验。

土方回填工程质量检验标准见表2-4。

表2-4　土方回填工程质量检验标准

项	序	项　目	允许偏差或允许值					检验方法	检验数量
			柱基基坑基槽	填方场地平整		管沟	地（路）面基层		
				人工	机械				
主控项目	1	标高/mm	0 -50	±30	±50	0 -50	0 -50	水准测量	每$100m^2$取1点，且不少于10点
	2	分层压实系数	不小于设计值					环刀法、灌水法、灌砂法	密实度控制基坑和室内填土，每层按$100\sim500m^2$取样一组；场地平整填方，每层按$400\sim900m^2$取样一组；基坑和管沟回填每$20\sim50m^2$取样一组，但每层均不得少于一组，取样部位在每层压实后的下半部

（续）

项	序	项　目	允许偏差或允许值					检验方法	检 验 数 量
			柱基基坑基槽	填方场地平整		管沟	地（路）面基层		
				人工	机械				
一般项目	1	回填土料	设计要求					取样检查或直接鉴别	同一土场不少于1组
	2	分层厚度	设计值					水准测量及抽样检查	分层铺土厚度检查每10～20mm或100～200m²设置一处。回填料实测含水量与最佳含水量之差，黏性土控制在-4%～+2%范围内，每层填料均应抽样检查一次，由于气候因素使含水量发生较大变化时应再抽样检查
	3	含水量	最优含水量±2%	最优含水量±4%		最优含水量±2%		烘干法	
	4	表面平整度/mm	±20	±20	±30	±20	±20	用2m靠尺	每100m²取1点，且不应少于10点
	5	有机质含量	≤5%					用钢尺量	按规定取
	6	辗迹重叠长度/mm	500～1000					用钢尺量	全数检查

三、土方工程施工常见质量问题

1. 土方开挖边坡坍塌

（1）现象：在挖方过程中或挖方后，基坑边坡土方局部或大面积塌落或滑塌，使地基土受到扰动。

（2）原因分析：

1）基坑开挖较深，放坡坡度不够。

2）在有地表水、地下水作用的土层开挖基坑，未采取有效的降排水措施。

3）边坡顶部堆载过大或受车辆等外力振动影响，使坡体内剪切应力增大。

4）开挖顺序与开挖方法不当。

（3）预防措施：

1）根据土的种类、物理力学性质确定适当的边坡坡度。对永久性挖方的边坡坡度，应按设计要求放坡，一般在1:1～1:1.5之间。

2）在有地表滞水或地下水作用的地段，应做好排、降水措施，将水位降低至基底以下0.5m方可开挖，并持续到回填完毕。

3）施工中避免在坡顶堆土和存放建筑材料，并避免行驶施工机械设备和车辆振动，以减轻坡体负担。

4）土方开挖应遵循由上而下、分层开挖的顺序，合理放坡，不使坡度过陡，同时避免先挖坡脚。相邻基坑开挖时，应遵循先深后浅或同时进行的施工顺序，并及时做好基础，尽

量防止对地基的扰动。

（4）治理方法：

1）对沟坑塌方，可将坡脚塌方清除做临时性支护措施，如堆装土编织袋或草袋、设支撑、砌砖石护坡墙等。

2）对永久性边坡局部塌方，可将塌方清除，用块石填砌或回填 2:8 或 3:7 灰土嵌补，与土接触部位做成台阶搭接，防止滑动；或将坡顶线后移；或将坡度改缓。

2. 土方回填边坡塌陷

（1）现象：填方边坡塌陷或滑塌，造成坡脚处土方堆积，坡顶上部土体裂缝。

（2）原因分析：

1）边坡坡度过陡，坡体因自重或地表滞水作用使边坡土体失稳。

2）边坡基底的草皮、淤泥、松土未清理干净，与原陡坡接合未挖成阶梯形搭接，填方土料采用了淤泥质土等不符合要求的土料。

3）边坡填土未按要求分层回填压实，密实度差，黏聚力低，自身稳定性不够。

4）坡顶、坡脚未做好排水措施，由于水的渗入，土的黏聚力降低，或坡脚被冲刷掏空而造成塌方。

（3）预防措施：

1）永久性填方的边坡坡度应根据填方高度、土的种类和工程重要性按设计规定放坡。当填土边坡用不同土料进行回填时，应根据分层回填土料类别，将边坡做成折线形式。

2）使用时间较长的临时填方边坡坡度，当填方高度在 10m 以内，可采用 1:1.5 进行放坡；当填方高度超过 10m，可做成折线形，上部为 1:1.5，下部采用 1:1.75。

3）填方应选用符合要求的土料，避免采用腐殖土和未经破碎的大块土作边坡填料。边坡施工应按填土压实标准进行水平分层回填、碾压或夯实。

4）在气候、水文和地质条件不良的情况下，对黏土、粉砂、细砂、易风化岩石边坡以及黄土类缓边坡，应于施工完毕后，随即进行防护。

5）在边披上、下部作好排水沟，避免在影响边坡稳定的范围内积水。

（4）治理方法：边坡局部塌陷或滑塌，可将松土清理干净，与原坡接触部位做成阶梯形，用好土或 3:7 灰土分层回填夯实修复，并做好坡顶、坡脚排水措施。大面积塌方，应考虑将边坡修成缓坡，做好排水和表面罩覆措施。

3. 场地积水

（1）现象：在建筑场地平整过程中或平整完成后，场地范围内高洼不平，局部或大面积出现积水。

（2）原因分析：

1）场地平整填土面积较大或较深时，未分层回填压实，土的密实度不均匀或不够，遇水产生不均匀下沉造成积水。

2）场地周围未做排水沟；或场地未做成一定排水坡度；或存在反向排水坡。

3）测量错误，使场地高低不平。

（3）预防措施：

1）平整前，对整个场地的排水坡、排水沟、截水沟、下水道进行有组织排水系统设计。

2）对场地内的填土进行认真分层回填碾压（夯）实，使密实度不低于设计要求。设计

无要求时，一般也应分层回填，分层压（夯）实，使相对密实度不低于85%，避免松填。

3）做好测量的复核工作，防止出现标高误差。

（4）治理方法：已积水场地应立即疏通排水和采用抽水、截水设施，将水排除。场地未做排水坡度或坡度过小部位，应重新修坡；对局部低洼处，填土找平，压实至符合要求，避免再次积水。

【例题2-1】 某建设项目地处闹市区，场地狭小。工程总建筑面积30000m^2，其中地上建筑面积为25000m^2，地下室建筑面积为5000m^2。大楼分为裙房和主楼，其中主楼28层，裙房5层，地下2层，主楼高度84m，裙房高度24m，全现浇钢筋混凝土框架-剪力墙结构。基础形式为筏形基础，基坑深度15m，地下水位-8m，属于层间滞水。基坑东、北两面距离建筑围墙2m，西、南两面距离交通主干道9m。

土方施工时，先进行土方开挖。土方开挖采用机械一次挖至槽底标高，再进行基坑支护，基坑支护采用土钉墙支护，最后进行降水。

问题：

1. 本项目的土方开挖方案和基坑支护方案是否合理？为什么？

2. 该项目基坑先开挖后降水的方案是否合理？为什么？

例题2-1答案

任务二　基坑工程质量控制与验收

基坑支护结构施工前应对放线尺寸进行校核，施工过程中应根据施工组织设计复核各项施工参数，施工完成后宜在一定养护期后进行质量验收。

围护结构施工完成后的质量验收应在基坑开挖前进行，支锚结构的质量验收应在对应的分层土方开挖前进行，验收内容应包括质量和强度检验、构件的几何尺寸、位置偏差及平整度等。

基坑开挖过程中，应根据分区分层开挖情况及时对基坑开挖面的围护墙表观质量，支护结构的变形、渗漏水情况以及支撑竖向支承构件的垂直度偏差等项目进行检查。

除强度或承载力等主控项目外，其他项目应按检验批抽取。

基坑支护工程验收应以保证支护结构安全和周围环境安全为前提。

基坑工程验收必须以确保支护结构安全和周围环境安全为前提。当设计有指标时，以设计指标为依据，如无设计指标时应符合表2-5的要求。

表2-5　基坑变形的监控值　（单位：cm）

基坑类别	围护结构墙顶位移监控值	围护结构墙体最大位移监控值	地面最大沉降监控值
一级基坑	3	5	3
二级基坑	6	8	6
三级基坑	8	10	10

注：1. 符合下列情况之一，为一级基坑：

1）重要工程或支护结构做主体结构的一部分。

2）开挖深度大于10m。

3）与临近建筑物，重要设施的距离在开挖深度以内的基坑。

4）基坑范围内有历史文物、近代优秀建筑、重要管线等需严加保护的基坑。

2. 三级基坑为开挖深度小于7m，且周边环境无特别要求时的基坑。

3. 除一级和三级外的基坑属二级基坑。

4. 当周围已有的设施有特殊要求时，尚应符合这些要求。

一、排桩墙支护工程

排桩墙支护工程质量控制与检验

排桩墙支护的基坑，开挖后应及时支护，每一道支撑施工应确保基坑变形在设计要求的控制范围内。在含水地层范围内的排桩墙支护基坑，应有确实可靠的止水措施，确保基坑施工及邻近构筑物的安全。排桩墙支护结构包括灌注桩、预制桩、板桩等类型桩构成的支护结构，其中灌注桩和预制桩的检验标准符合相应要求即可，钢板桩均为工厂成品，新桩可按出厂标准检验，重复使用的钢板桩的质量检验标准见表 2-6，预制混凝土板桩围护墙的质量检验标准见表 2-7。

表 2-6　重复使用的钢板桩的质量检验标准

序号	检查项目	允许偏差或允许值		检查方法
		单位	数值	
1	桩垂直度	<1%		用钢尺量
2	桩身弯曲度	mm	<2%L	用钢尺量，L 为设计桩长
3	齿槽平直度及光滑度	无电焊渣或毛刺		用 1m 长的桩段做通过试验
4	桩长度	不小于设计值		用钢尺量

表 2-7　预制混凝土板桩围护墙的质量检验标准

项	序	检查项目	允许偏差或允许值		检查方法
			单位	数值	
主控项目	1	桩长	不小于设计值		用钢尺量
	2	桩身弯曲度	mm	<0.1%L	用钢尺量，L 为设计桩长
	3	桩身厚度	mm	+10 0	用钢尺量
	4	凹凸槽尺寸	mm	±3	用钢尺量
	5	桩顶标高	mm	±100	用水准仪测量
一般项目	1	保护层厚度	mm	±5	用钢尺量
	2	横截面相对两面之差	mm	≤5	用钢尺量
	3	桩尖对桩轴线的位移	mm	≤10	用钢尺量
	4	沉桩垂直度	≤1/100		经纬仪测量
	5	轴线位置	mm	≤100	用钢尺量
	6	板缝间隙	mm	≤20	用钢尺量

二、锚杆及土钉墙支护工程

锚杆及土钉墙支护工程质量控制与检验

1. 锚杆

锚杆施工前应对钢绞线、锚具、水泥、机械设备等进行检验。

锚杆施工中应对锚杆位置，钻孔直径、长度及角度，锚杆杆体长度，注浆配比、注浆压力及注浆量等进行检验。

锚杆应进行抗拔承载力检验，检验数量不宜少于锚杆总数的5%，且同一土层中的锚杆检验数量不应少于3根。

锚杆质量检验标准见表2-8。

表2-8　锚杆质量检验标准

项	序	检查项目	允许偏差或允许值		检查方法
			单　位	数　值	
主控项目	1	抗拔承载力	不小于设计值		锚杆抗拔试验
	2	锚固体强度	不小于设计值		试块强度
	3	预加力	不小于设计值		检查压力表读数
	4	锚杆长度	不小于设计值		用钢尺量
一般项目	1	钻孔孔位	mm	≤100	用钢尺量
	2	锚杆直径	不小于设计值		用钢尺量
	3	钻孔倾斜度	小于或等于3°		测倾角
	4	水胶比（或水泥砂浆配比）	设计值		实际用水量与水泥等胶凝材料的重量比（实际用水、水泥、砂的重量比）
	5	注浆量	不小于设计值		查看流量表
	6	注浆压力	设计值		检查压力表读数
	7	自由段套管长度	mm	±50	用钢尺量

2. 土钉墙

土钉墙支护工程施工前应对钢筋、水泥、砂石、机械设备性能等进行检验。

土钉墙支护工程施工过程中应对放坡系数，土钉位置，土钉孔直径、深度及角度，土钉杆体长度，注浆配比、注浆压力及注浆量，喷射混凝土面层厚度、强度等进行检验。

土钉应进行抗拔承载力检验，检验数量不宜少于土钉总数的1%，且同一土层中的土钉检验数量不应少于3根。

土钉墙支护质量检验标准见表2-9。

表2-9　土钉墙支护质量检验标准

项	序	检查项目	允许偏差或允许值		检查方法
			单　位	数　值	
主控项目	1	抗拔承载力	不小于设计值		土钉抗拔试验
	2	锚杆长度	不小于设计值		用钢尺量
	3	分层开挖厚度	mm	±200	水准测量或用钢尺量

（续）

项	序	检查项目	允许偏差或允许值		检查方法
			单位	数值	
一般项目	1	土钉位置	mm	±100	用钢尺量
	2	土钉直径	不小于设计值		用钢尺量
	3	土钉孔倾斜度	小于或等于 3°		测倾角
	4	水胶比	设计值		实际用水量与水泥等胶凝材料的重量比
	5	注浆量	不小于设计值		查看流量表
	6	注浆压力	设计值		检查压力表读数
	7	浆体强度	不小于设计值		试块强度
	8	钢筋网间距	mm	±30	用钢尺量

三、地下连续墙工程

地下连续墙工程质量控制与检验

施工前应对导墙的质量进行检查。

施工中应定期对泥浆指标、钢筋笼的制作与安装、混凝土的坍落度、预制地下连续墙墙段安放质量、预制接头、墙底注浆、地下连续墙成槽及墙体质量等进行检验。

兼作永久结构的地下连续墙，其与地下结构底板、梁及楼板之间连接的预埋钢筋接驳器应按原材料检验要求进行抽样复验，取每 500 套为一个检验批，每批应抽查 3 件，复验内容为外观、尺寸、抗拉强度等。

混凝土抗压强度和抗渗等级应符合设计要求。墙身混凝土抗压强度试块每 100m^3 混凝土不应少于 1 组，且每幅槽段不应少于 1 组，每组为 3 件；墙身混凝土抗渗试块每 5 幅槽段不应少于 1 组，每组为 6 件。作为永久结构的地下连续墙，其抗渗质量标准可按现行国家标准《地下防水工程质量验收规范》GB 50208 的规定执行。

作为永久结构的地下连续墙墙体施工结束后，应采用声波透射法对墙体质量进行检验，同类型槽段的检验数量不应少于 10%，且不得少于 3 幅。

地下连续墙的质量检验标准应符合表 2-10～表 2-12 的规定。

表 2-10　泥浆性能指标

项	序	检查项目			性能指标	检查方法
一般项目	1	新拌制泥浆	比重		1.03～1.10g/cm^3	比重计
			黏度	黏性土	20～25s	黏度计
				砂土	25～35s	
	2	循环泥浆	比重		1.05～1.25g/cm^3	比重计
			黏度	黏性土	20～30s	黏度计
				砂土	30～40s	

（续）

项	序	检查项目				性能指标	检查方法
一般项目	3	清基（槽）后的泥浆	现浇地下连续墙	比重	黏性土	1.10~1.15	比重计
					砂土	1.10~1.20	
				黏度		20~30s	黏度计
				含砂率		≤7%	洗砂瓶
	4		预制地下连续墙	比重		1.10~1.20g/cm³	比重计
				黏度		20~30s	黏度计
				pH		7~9	pH 试纸

表 2-11　钢筋笼制作与安装允许偏差

项	序	检查项目		允许偏差 单位	允许偏差 数值	检查方法
主控项目	1	钢筋笼长度		mm	±100	用钢尺量，每片钢筋网检查上中下3处
	2	钢筋笼宽度		mm	0 -20	
	3	钢筋笼安装标高	临时结构	mm	±20	
			永久结构	mm	±15	
	4	主筋间距		mm	±10	任取一断面，连续量取间距，取平均值作为一点，每片钢筋网上测4点
一般项目	1	分布筋间距		mm	±20	
	2	预埋件及槽底注浆管中心位置	临时结构	mm	≤10	用钢尺量
			永久结构	mm	≤5	
	3	预埋钢筋和接驳器中心位置	临时结构	mm	≤10	
			永久结构	mm	≤5	
	4	钢筋笼制作平台平整度		mm	±20	

表 2-12　地下连续墙成槽及墙体允许偏差

项	序	检查项目		允许偏差或允许值		检查方法
				单位	数值	
主控项目	1	墙体强度		不小于设计值		28d 试块强度或钻芯法
	2	槽壁垂直度	永久结构	≤1/200		20%超声波2点/幅
			临时结构	≤1/300		100%超声波2点/幅
	3	槽段深度		不小于设计值		测绳2点/幅

（续）

项	序	检查项目		允许偏差或允许值		检查方法
				单位	数值	
一般项目	1	导墙尺寸	宽度（设计厚度+40mm）	mm	±10	用钢尺量
			垂直度	≤1/500		用线锤测
			导墙顶面平整度	mm	±5	用钢尺量
			导墙平面定位	mm	≤10	用钢尺量
			导墙顶标高	mm	±20	水准测量
	2	槽段宽度	临时结构	不小于设计值		20%超声波2点/幅
			永久结构	不小于设计值		100%超声波2点/幅
	3	槽段位	临时结构	mm	≤50	钢尺1点/幅
			永久结构	mm	≤30	
	4	沉渣厚度	临时结构	mm	≤150	100%测绳2点/幅
			永久结构	mm	≤100	
	5	混凝土坍落度		mm	180~220	坍落度仪
	6	地下连续墙表面平整度	临时结构	mm	±150	用钢尺量
			永久结构	mm	±100	
			预制地下连续墙	mm	±20	
	7	预制墙顶标高		mm mm	±10	水准测量
	8	预制墙中心位移		mm	≤10	用钢尺量
	9	永久结构的渗漏水		无渗漏、线流，且≤0.1L/（m^2·d）		现场检验

四、降水与排水工程

排水与降水工程质量控制与检验

采用集水明排的基坑，应检验排水沟、集水井的尺寸。排水时集水井内水位应低于设计要求水位不小于0.5m。

降水井施工前，应检验进场材料质量。降水施工材料质量检验标准见表2-13。

降水井正式施工时应进行试成井。试成井数量不应少于2口（组），并应根据试成井检验成孔工艺、泥浆配比，复核地层情况等。降水井施工中应检验成孔垂直度。降水井的成孔垂直度偏差为1/100，井管应居中竖直沉设。降水井施工完成后应进行试抽水，检验成井质量和降水效果。

降水运行应独立配电。降水运行前，应检验现场用电系统。连续降水的工程项目，尚应检验双路以上独立供电电源或备用发电机的配置情况。降水运行过程中，应监测和记录降水

场区内和周边的地下水位。采用悬挂式帷幕基坑降水的，尚应计量和记录降水井抽水量。降水运行结束后，应检验降水井封闭的有效性。

表 2-13 降水施工材料质量检验标准

项	序	检查项目	允许值或允许偏差		检查方法
			单位	数值	
主控项目	1	井、滤管材质	设计要求		查产品合格证书或按设计要求参数现场检测
	2	滤管孔隙率	设计值		测算单位长度滤管孔隙面积或与等长标准滤管渗透对比法
	3	滤料粒径	（6~12）d_{50}		筛析法
	4	滤料不均匀系数	≤3		筛析法
一般项目	1	沉淀管长度	mm	+50 0	用钢尺量
	2	封孔回填土质量	设计要求		现场搓条法检验土性
	3	挡砂网	设计要求		查产品合格证书或现场量测目数

注：d_{50} 为土颗粒的平均粒径。

轻型井点施工质量检验标准见表 2-14。

表 2-14 轻型井点施工质量检验标准

项	序	检查项目	允许值或允许偏差		检查方法
			单位	数值	
主控项目	1	出水量	不小于设计值		查看流量表
一般项目	1	成孔孔径	mm	±20	用钢尺量
	2	成孔深度	mm	+1000 −200	测绳测量
	3	滤料回填量	不小于设计计算体积的 95%		测算滤料用量且测绳测量回填高度
	4	黏土封孔高度	mm	≥1000	用钢尺量
	5	井点管间距	m	0.8~1.6	用钢尺量

五、基坑工程施工常见质量问题

1. 基坑泡水

（1）现象：基坑开挖后，地基土被水浸泡，造成地基松软，承载力降低，地基下沉。

（2）原因分析：

1）开挖基坑未设排水沟或挡水堤，地表水流入基坑。

2）在地下水位以下挖土，未采取降水措施。

3）施工中未连续降水，或停电影响降排水。

4）挖基坑时，未做好防雨措施，使雨水流入基坑。

（3）预防措施：

1）开挖基坑周围应设排水沟或挡水堤，防止地面水流入基坑；挖土放坡时，坡顶和坡脚至排水沟的距离一般为0.5~1m。

2）在地下水位以下挖土，可采用井点降水方法，将地下水位降至基坑坑底以下0.5m再开挖。

3）施工中保持连续降水，直至基坑回填完毕。

4）基坑施工应做好防雨措施，或选择在干旱季节施工。

（4）治理方法：

1）已被水淹泡的基坑，应立即检查降排水设施，疏通排水沟，并采取措施将水引走、排净。

2）对已设置截水沟而仍有小股水冲刷边坡和坡脚时，可将边坡挖成阶梯形，或用编织袋装土护坡将水排走，使坡脚保持稳定。

3）已被水浸泡扰动的土，可根据具体情况，采取排水晾晒后夯实，或抛填碎石、小块石夯实；换填3:7灰土夯实；或挖去淤泥加深基础等措施处理。

2. 地面沉陷过多

（1）现象：在基坑外侧的降低地下水位影响范围内，地基土产生不均匀沉降，导致受其影响的邻近建筑物和市政设施发生不均匀沉降，引起不同程度的倾斜、裂缝，甚至断裂、倒塌。

（2）原因分析：

1）降水前未考虑对周边环境的影响。

2）降水期间未做好监测工作。

3）降水工程施工方案不准确。

（3）预防措施：

1）降水前应考虑到水位降低区域内的建筑物（包括市政地下管线等）可能产生的沉降和水平位移。

2）在降水期间，应定期对基坑外地面，邻近建筑物、构筑物，地下管线进行沉陷观测。

3）降水工程施工前，应根据工程特点、工程地质与水文地质条件、附近建筑（构）物的详细调查情况等，合理选择降水方法、降水设备和降水深度，编制完整准确的施工方案。

4）尽可能地缩短基坑开挖、地基与基础工程施工的时间，加快施工进度，并尽快地进行回填土作业，以缩短降水的时间。

5）设置止水帷幕或采用降水与回灌技术相结合的工艺，减少降水对外侧地基土的影向。

【例题2-2】 某办公楼工程，建筑面积82000m²，地下3层，地上20层，钢筋混凝土框架剪力墙结构，距临近6层住宅楼7m，地基土层为粉质黏土和粉细砂，地下水为潜水。地下水位-9.5m，自然地面-0.5m，基础为筏形基础，埋深14.5m，基础底板混凝土厚1500mm，水泥采用普通硅酸盐水泥，采取整体连续分层浇筑方式施工，基坑支护工程委托有资质的专业单位施工，降排的地下水用于现场机具、设备清洗，主体结构选择有相应资质的A劳务公司作为劳务分包，并签订了劳务分包合同。

基坑支护工程专业施工单位提出了基坑支护降水采用“排桩+锚杆+降水井”方案，施工总承包单位要求对基坑支护降水方案进行比选后确定。

问题：

1. 适用于本工程的基坑支护降水方案还有哪些？
2. 降排的地下水还可用于施工现场哪些方面？

例题 2-2 答案

任务三　地基工程质量控制与验收

建筑物地基的施工应具备岩土工程勘察资料、临近建筑物和地下设施类型、分布及结构质量情况以及工程设计图、设计要求及需达到的标准，检验手段等资料。

地基施工结束，宜在一个间歇期后进行质量验收，间歇期由设计确定。地基加固工程，应在正式施工前进行试验段施工，论证设定的施工参数及加固效果。为验证加固效果所进行的载荷试验，其施加载荷应不低于设计载荷的 2 倍。

一、水泥粉煤灰碎石桩复合地基

施工前应对入场的水泥、粉煤灰、砂及碎石等原材料进行检验。施工中应检查桩身混合料的配合比、坍落度和成孔深度、混合料充盈系数等。施工结束后，应对桩体质量、单桩及复合地基承载力进行检验。

水泥粉煤灰碎石桩复合地基质量控制与检验

水泥粉煤灰碎石桩复合地基的质量检验标准见表 2-15。

表 2-15　水泥粉煤灰碎石桩复合地基的质量检验标准

项	序	检查项目	允许偏差或允许值		检查方法
			单位	数值	
主控项目	1	复合地基承载力	不小于设计值		静载试验
	2	单桩承载力	不小于设计值		静载试验
	3	桩长	不小于设计值		测桩管长度或用测绳测孔深
	4	桩径	mm	+50 0	用钢尺量
	5	桩身完整性	—		低应变检测
	6	桩体强度	不小于设计要求		28d 试块强度
一般项目	1	桩位	条基边桩沿轴线	≤1/4D	全站仪或用钢尺量，D 为设计桩径（mm）
			垂直轴线	≤1/6D	
			其他情况	≤2/5D	
	2	桩顶标高	mm	±200	水准测量，最上部 500mm 劣质桩体不计入
	3	桩垂直度	≤1/100		经纬仪测桩管

（续）

项	序	检查项目	允许偏差或允许值		检查方法
			单位	数值	
一般项目	4	混合料坍落度	mm	160~220	坍落度仪
	5	混合料充盈系数	≥1.0		实际灌注量与理论灌注量的比
	6	褥垫层夯填度	≤0.9		水准测量

二、地基工程施工常见质量问题

1. 出现橡皮土

（1）现象：填土受夯打（碾压）后，基土发生颤动，受夯击（碾压）处下陷，四周鼓起，形成软塑状态，而体积并没有压缩，人踩上去有一种颤动感觉。在人工填土地基内，成片出现这种橡皮土（又称弹簧土），将使地基的承载力降低，变形加大，地基长时间不能得到稳定。

（2）原因分析：

1）土的含水量过大。

2）有地表水或地下水的影响。

（3）防治措施：

1）夯（压）实填土时，应适当控制填土的含水量，土的最优含水量可通过击实试验确定。工地简单检验，一般以手握成团，落地开花为宜。

2）避免在含水量过大的黏土、粉质黏土、淤泥质土、腐殖土等原状土上进行回填。

3）填方区如有地表水时，应设排水沟排走；有地下水应降低至基底 0.5m 以下。

4）暂停一段时间回填，使橡皮土含水量逐渐降低。

2. 地面隆起及翻浆

（1）现象：夯击过程中地面出现隆起和翻浆现象。

（2）原因分析：

1）夯点间距、落距、夯击数等参数设置有误。

2）空隙水压力影响。

（3）防治措施：

1）调整夯点间距、落距、夯击数等，使之不出现地面隆起和翻浆为准（视不同的土层、不同机具等确定）。

2）施工前要进行试夯确定各夯点相互干扰的数据、各夯点压缩变形的扩散角、各夯点达到要求效果的遍数及每夯一遍空隙水压力消散完的间歇时间。

3）根据不同土层不同的设计要求，选择合理的操作方法（连夯或间夯等）。

4）在易翻浆的饱和黏性土上，可在夯点下铺填砂石垫层，以利空隙水压的消散，可一次铺成或分层铺填。

5）尽量避免雨期施工，必须雨期施工时，要挖排水沟，设集水井，地面不得有积水，减少夯击数，增加空隙水的消散时间。

3. 水泥土搅拌桩桩顶强度低

（1）现象：桩顶加固体强度低。

（2）原因分析：

1）表层加固效果差，是加固体的薄弱环节。

2）目前所确定的搅拌机械和拌合工艺，由于地基表面覆盖压力小，在拌合时土体上拱，不易拌合均匀。

（3）防治措施：

1）将桩顶标高1m内作为加强段，进行一次复拌加注浆，并提高水泥掺量，一般为15%左右。

2）在设计桩顶标高时，应考虑需凿除0.5m，以加强桩顶强度。

4. 水泥粉煤灰碎石桩缩颈、断桩

（1）现象：成桩困难时，从工艺试桩中，发现缩颈或断桩。

（2）原因分析：

1）施工工艺、施工操作等不正确。

2）混合料配合比不正确；雨期或冬期施工时保护措施不到位。

（3）防治措施：

1）混合料的供应有两种方法。一是现场搅拌，一是商品混凝土。但都应注意做好季节施工。雨期防雨，冬期保温，都要苫盖，并保证灌入温度5℃以上。

2）每个工程开工前，都要做工艺试桩，以确定合理的工艺，并保证设计参数，必要时要做荷载试验桩。混合料的配合比在工艺试桩时进行试配，要严格按不同土层进行配料，搅拌时间要充分，每盘至少3min。

3）冬期施工，在冻层与非冻层结合部（超过结合部搭接1.0m为好），要进行局部复打或局部翻插，克服缩颈或断桩。

4）开槽与桩顶处理要合理选择施工方案，在桩顶处必须每1.0~1.5m翻插一次，以保证设计桩径，桩体施工完毕待桩达到一定强度（一般7d左右），方可进行开槽。

5）施工中要详细、认真地做好施工记录及施工监测。如出现问题，应立即停止施工，找有关单位研究解决后方可施工。

6）控制拔管速度，一般1~1.2m/min。用浮标观测（测每米混凝土灌量是否满足设计灌量）以找出缩颈部位，每拔管1.5~2.0m，留振20s左右（根据地质情况掌握留振次数与时间或者不留振）。

7）出现缩颈或断桩，可采取扩颈方法（如复打法、翻插法或局部翻插法），或者加桩处理。

【例题2-3】 某建筑工程建筑面积180000m^2，现浇混凝土结构，筏形基础。地下2层，地上15层，基础埋深10.5m。工程所在地区地下水位于基底标高以上，从南流向北，施工单位的降水方案是在基坑南边布置单排轻型井点。基坑开挖到设计标高以后，施工单位和监理单位对基坑进行验槽，并对基坑进行了钎探，发现地基西北角约有300m^2的软土区，监理工程师随即指令施工单位进行换填处理，换填级配碎石。

例题2-3答案

问题：

1. 施工单位和监理单位两家共同进行工程验槽的做法是否妥当？请说明理由。
2. 发现基坑底软土区后，进行基底处理的工作程序是怎样的？
3. 上述描述中，有哪些是不符合规定的，正确的做法应该是什么？

任务四　桩基础工程质量控制与验收

桩基础一般规定

一、一般规定

桩基工程的桩位验收，除设计有规定外，应按下述要求进行：当桩顶设计标高与施工场地标高相同时，或桩基施工结束后，有可能对桩位进行检查时，桩基工程的验收应在施工结束后进行；当桩顶设计标高低于施工场地标高，送桩后无法对桩位进行检查时，对打入桩可在每根桩桩顶沉至场地标高时，进行中间验收，待全部桩施工结束，承台或底板开挖到设计标高后，再做最终验收。对灌注桩可对护筒位置做中间验收。群桩桩位的放样允许偏差为20mm，单排桩桩位的放样允许偏差为10mm。

打（压）入桩（预制混凝土方桩、先张法预应力管桩、钢桩）的桩位偏差，必须符合表2-16的规定。斜桩倾斜度的偏差不得大于倾斜角正切值的15%（倾斜角系桩的纵向中心线与铅垂线间夹角）。

表2-16　预制桩（钢桩）桩位的允许偏差　（单位：mm）

序　号	检 查 项 目		允 许 偏 差
1	带有基础梁的桩	垂直基础梁的中心线	≤100+0.01*H*
		沿基础梁的中心线	≤150+0.01*H*
2	承台桩	桩数为1~3根桩基中的桩	≤100+0.01*H*
		桩数大于或等于4根桩基中的桩	≤1/2桩径+0.01*H*或1/2边长+0.01*H*

注：*H*为桩基施工面至设计桩顶的距离（mm）。

灌注桩的桩位偏差必须符合表2-17的规定，桩顶标高至少要比设计标高高出0.5m，桩底清孔质量按不同的成桩工艺有不同的要求。每浇筑50m^{3}必须有1组试件，小于50m^{3}的桩，每根桩必须有1组试件。

灌注桩混凝土强度检验的试件应在施工现场随机抽取。来自同一搅拌站的混凝土，每浇筑50m^{3}必须至少留置1组试件；当混凝土浇筑量不足50m^{3}时，每连续浇筑12h必须至少留置1组试件。对单柱单桩，每根桩应至少留置1组试件。

灌注桩的桩径、垂直度及桩位允许偏差见表2-17。

工程桩应进行承载力和桩身完整性检验。

设计等级为甲级或地质条件复杂时，应采用静载试验的方法对桩基承载力进行检验，检验桩数不应少于总桩数的1%，且不应少于3根；当总桩数少于50根时，不应少于2根。在有经验和对比资料的地区，设计等级为乙级、丙级的桩基可采用高应变法对桩基进行竖向抗

压承载力检测，检测数量不应少于总桩数的5%，且不应少于10根。

表2-17　灌注桩的桩径、垂直度及桩位允许偏差

序号	成孔方法		桩径允许偏差/mm	垂直度允许偏差	桩位允许偏差/mm
1	泥浆护壁钻孔桩	D<1000mm	≥0	≤1/100	≤70+0.01H
		D≥1000mm			≤100+0.01H
2	套管成孔灌注桩	D<500mm	≥0	≤1/100	≤70+0.01H
		D≥500mm			≤100+0.01H
3	干成孔灌注桩		≥0	≤1/100	≤70+0.01H
4	人工挖孔桩		≥0	≤1/200	≤50+0.005H

注：1. H为桩基施工面至设计桩顶的距离（mm）。
2. D为设计桩径（mm）。

工程桩的桩身完整性的抽检数量不应少于总桩数的20%，且不应少于10根。每根柱子承台下的桩抽检数量不应少于1根。

二、静力压桩

静力压桩质量控制与检验

施工前应检验成品桩构造尺寸及外观质量。施工中应检验接桩质量、锤击及静压的技术指标、垂直度以及桩顶标高等。施工结束后应对承载力及桩身完整性等进行检验。

钢筋混凝土预制桩质量检验标准见表2-18、表2-19。

表2-18　锤击预制桩质量检验标准

项	序	检查项目	允许偏差或允许值		检查方法
			单位	数值	
主控项目	1	承载力	不小于设计值		静载试验、高应变法等
	2	桩身完整性	—		低应变法
一般项目	1	成品桩质量	表面平整，颜色均匀，掉角深度<10mm，蜂窝面积小于总面积0.5%		查产品合格证
	2	桩位	应符合表2-16要求		全站仪或用钢尺量
	3	电焊条质量	设计要求		查产品合格证
	4	接桩：焊缝质量	按规范要求		按规范要求
		电焊结束后停歇时间	min	≥8（3）	用表计时
		上下节平面偏差	mm	≤10	用钢尺量
		节点弯曲矢高	同桩体弯曲要求		用钢尺量
	5	收锤标准	设计要求		用钢尺量或查沉桩记录
	6	桩顶标高	mm	±50	水准测量
	7	垂直度	≤1/100		经纬仪测量

注：括号中的数值为采用二氧化碳气体保护焊时的数值。

表 2-19　静力压桩质量检验标准

项	序	检查项目	允许偏差或允许值		检查方法
			单位	数值	
主控项目	1	承载力	不小于设计值		静载试验、高应变法等
	2	桩身完整性	—		低应变法
一般项目	1	成品桩质量	表面平整，颜色均匀，掉角深度<10mm，蜂窝面积小于总面积0.5%		查产品合格证
	2	桩位	应符合表 2-16 要求		全站仪或用钢尺量
	3	电焊条质量	设计要求		查产品合格证
	4	接桩：焊缝质量	按规范要求		按规范要求
		电焊结束后停歇时间	min	≥6（3）	用表计时
		上下节平面偏差	mm	≤10	用钢尺量
	5	节点弯曲矢高	同桩体弯曲要求		用钢尺量
	6	终压标准	设计要求		现场实测或查沉桩记录
	7	桩顶标高	mm	±50	水准测量
		垂直度	≤1/100		经纬仪测量
	8	混凝土灌芯	设计要求		查灌注量

注：电焊结束后停歇时间项括号中的数值为采用二氧化碳气体保护焊时的数值。

预制桩的质量检验

先张法预应力管桩质量检验标准见表 2-20。

表 2-20　先张法预应力管桩质量检验标准

项	序	检查项目		允许偏差或允许值		检查方法	检查数量
				单位	数值		
主控项目	1	桩体质量检验		按基桩检测技术规范		按基桩检测技术规范	按设计要求
	2	桩位偏差		见表 2-16		用钢尺量	全数检查
	3	承载力		按基桩检测技术规范		按基桩检测技术规范	按设计要求
一般项目	1	成品桩质量	外观	无蜂窝、露筋、裂缝、色感均匀、桩顶处无孔隙		直观	抽桩数 20%
			桩径	mm	±5	用钢尺量	
			管壁厚度	mm	±5	用钢尺量	
			桩尖中心线	mm	<2	用钢尺量	
			顶面平整度	mm	10	用水平尺量	
			桩体弯曲		<1/1000L	用钢尺量，L 为桩长	

（续）

项	序	检查项目	允许偏差或允许值		检查方法	检查数量
			单位	数值		
一般项目	2	接桩：焊缝质量 电焊结束后停歇时间 上下节平面偏差 节点弯曲矢高	按规范要求 min mm	 >1.0 <10 <1/1000L	按规范要求 秒表测定 用钢尺量 用钢尺量，L为两节桩长	抽20%桩接头
	3	停锤标准	设计要求		现场实测或查沉桩记录	抽检20%
	4	桩顶标高	mm	±50	水准仪	抽桩总数20%

预制桩钢筋骨架质量检验标准见表2-21。

表2-21　预制桩钢筋骨架质量检验标准　（单位：mm）

项	序	检查项目	允许偏差或允许值	检查方法	检查数量
主控项目	1	主筋距桩顶距离	±5	用钢尺量	抽查20%
	2	多节桩锚固钢筋位置	5	用钢尺量	
	3	多节桩预埋件	±3	用钢尺量	
	4	主筋保护层厚度	±5	用钢尺量	
一般项目	1	主筋间距	±5	用钢尺量	抽查20%
	2	桩尖中心线	10	用钢尺量	
	3	箍筋间距	±20	用钢尺量	
	4	桩顶钢筋网片	±10	用钢尺量	
	5	多节桩锚固钢筋长度	±10	用钢尺量	

三、混凝土灌注桩

混凝土灌注桩质量控制与检验

施工前应对水泥、砂、石子（如现场搅拌）、钢材等原材料进行检查，对施工组织设计中制定的施工顺序、监测手段（包括仪器、方法）也应进行检查；施工中应对成孔、清渣、放置钢筋笼、灌注混凝土都进行全过程检查，人工挖孔桩还应复验孔底持力层土（岩）性。嵌岩桩必须有桩端持力层的岩性报告；施工结束后，应检查混凝土强度，并应做桩体质量及承载力的检验。

施工前应检验灌注桩的原材料及桩位处的地下障碍物处理资料。施工中应对成孔、钢筋笼制作与安装、水下混凝土灌注等各项质量指标进行检查验收；嵌岩桩应对桩端的岩性和入岩深度进行检验。施工后应对桩身完整性、混凝土强度及承载力进行检验。

泥浆护壁成孔灌注桩质量检验标准见表2-22。

表 2-22　泥浆护壁成孔灌注桩质量检验标准

<table>
<tr><th rowspan="2">项</th><th rowspan="2">序</th><th rowspan="2" colspan="2">检查项目</th><th colspan="2">允许偏差或允许值</th><th rowspan="2">检查方法</th></tr>
<tr><th>单位</th><th>数值</th></tr>
<tr><td rowspan="5">主控项目</td><td>1</td><td colspan="2">承载力</td><td colspan="2">不小于设计值</td><td>静载试验</td></tr>
<tr><td>2</td><td colspan="2">孔深</td><td colspan="2">不小于设计值</td><td>用测绳或井径仪测量</td></tr>
<tr><td>3</td><td colspan="2">桩身完整性</td><td colspan="2">—</td><td>钻芯法，低应变法，声波透射法</td></tr>
<tr><td>4</td><td colspan="2">混凝土强度</td><td colspan="2">不小于设计值</td><td>28d 试块强度或钻芯法</td></tr>
<tr><td>5</td><td colspan="2">嵌岩深度</td><td colspan="2">不小于设计值</td><td>取样或超前钻孔取样</td></tr>
<tr><td rowspan="24">一般项目</td><td>1</td><td colspan="2">垂直度</td><td colspan="2">见表 2-17</td><td>用超声波或井径仪测量</td></tr>
<tr><td>2</td><td colspan="2">孔径</td><td colspan="2">见表 2-17</td><td>用超声波或井径仪测量</td></tr>
<tr><td>3</td><td colspan="2">桩位</td><td colspan="2">见表 2-17</td><td>全站仪或用钢尺量
开挖前量护筒，开挖后量桩中心</td></tr>
<tr><td rowspan="3">4</td><td rowspan="3">泥浆指标</td><td>比重（黏土或砂性土中）</td><td colspan="2">1.10~1.25</td><td>用比重计测，清孔后在距孔底 50cm 处取样</td></tr>
<tr><td>含砂率</td><td>%</td><td>≤8</td><td>洗砂瓶</td></tr>
<tr><td>黏度</td><td>s</td><td>18~28</td><td>黏度计</td></tr>
<tr><td>5</td><td colspan="2">泥浆面标高（高于地下水位）</td><td>m</td><td>0.5~1.0</td><td>目测法</td></tr>
<tr><td rowspan="5">6</td><td rowspan="5">钢筋笼质量</td><td>主筋间距</td><td>mm</td><td>±10</td><td>用钢尺量</td></tr>
<tr><td>长度</td><td>mm</td><td>±100</td><td>用钢尺量</td></tr>
<tr><td>钢筋材质检验</td><td colspan="2">设计要求</td><td>抽样送检</td></tr>
<tr><td>箍筋间距</td><td>mm</td><td>±20</td><td>用钢尺量</td></tr>
<tr><td>钢筋笼直径</td><td>mm</td><td>±10</td><td>用钢尺量</td></tr>
<tr><td>7</td><td colspan="2">沉渣厚度：端承桩
摩擦桩</td><td>mm
mm</td><td>≤50
≤150</td><td>用沉渣仪或重锤测</td></tr>
<tr><td>8</td><td colspan="2">混凝土坍落度</td><td>mm</td><td>180~220</td><td>坍落度仪</td></tr>
<tr><td>9</td><td colspan="2">钢筋笼安装深度</td><td>mm</td><td>+100
0</td><td>用钢尺量</td></tr>
<tr><td>10</td><td colspan="2">混凝土充盈系数</td><td colspan="2">≥1</td><td>实际灌注量与计算灌注量的比</td></tr>
<tr><td>11</td><td colspan="2">桩顶标高</td><td>mm</td><td>+30
−50</td><td>水准仪，需扣除桩顶浮浆层及劣质桩体</td></tr>
<tr><td rowspan="3">12</td><td rowspan="3">后注浆</td><td rowspan="2">注浆终止条件</td><td colspan="2">注浆量不小于设计要求</td><td>查看流量表</td></tr>
<tr><td colspan="2">注浆量不小于设计要求 80%，且注浆压力达到设计值</td><td>查看流量表，检查压力表读数</td></tr>
<tr><td>水胶比</td><td colspan="2">设计值</td><td>实际用水量与水泥等胶凝材料的重量比</td></tr>
<tr><td rowspan="2">13</td><td rowspan="2">扩底桩</td><td>扩底直径</td><td colspan="2">不小于设计值</td><td rowspan="2">井径仪测量</td></tr>
<tr><td>扩底高度</td><td colspan="2">不小于设计值</td></tr>
</table>

四、桩基础工程施工常见质量问题

1. 沉桩达不到设计要求

（1）现象：桩设计时是以贯入度和最终标高作为施工的最终控制，一般情况以一种控制标准为主，个别工程设计人员要求双控，增加了困难，桩尖深度未达到设计深度。

（2）原因分析：

1）持力层的起伏标高不明，致使设计考虑持力层或选择桩尖标高有误。

2）对局部硬夹层或软夹层的透镜体勘探不明，或遇到地下障碍物，如大石块、混凝土块等。

3）桩锤选择太小或太大，使桩沉不到或沉过设计要求的控制标高。

4）桩顶打碎或桩身打断，致使桩不能继续打入。尤其是群桩，布桩过密互相挤实，选择施打顺序又不合理。

（3）预防措施：

1）详细探明工程地质情况，必要时应做补勘；正确选择持力层或标高，根据工程地质条件、断桩面及自重，合理选择施工机械与施工方法。

2）防止桩顶打碎或桩身打断。

（4）治理方法：

1）遇有硬夹层时，可采用植桩法、射水法或气吹法施工。植桩法施工即先钻孔，把硬夹层钻透，然后把桩插进孔内，再打至设计标高。钻孔的直径要求，以方桩为内切圆，空心圆管桩为圆管的内径为宜。无论采用植桩法、射水法或气吹法施工，桩尖至少进入未扰动土6倍桩径。

2）桩如打不下去，可更换能量大的桩锤打击，并加厚缓冲垫层。

3）选择合理的打桩顺序，特别是群桩，如若先打中间桩，后打四周桩，则桩会被抬起；反之，则很难打入，故应选用“之”字形或从中间分开向两侧对称施打的顺序。

4）选择桩锤应以重锤低击的原则，这样容易贯入，可降低桩的损坏率。

5）桩基础工程正式施打前，应做工艺试桩，以校核勘探与设计的合理性，重大工程还应做荷载试验桩，确定能否满足设计要求。

2. PHC 管桩桩身破坏

（1）现象：PHC 管桩桩身破坏。

（2）原因分析：

1）管桩产品质量存在问题。

2）管桩运输及堆放方法不当，如桩身发生滚动、堆桩过高等。

3）吊装方法不当，如拖桩等。

4）抱压压力过大，破坏桩身。

（3）防治措施：

1）选择质量有保证的管桩供应商。

2）控制管桩的吊装与运输：达到设计强度的70%方可起吊，达到设计强度的100%方可运输及打桩。

3）注意管桩堆放，外径300~400mm 的桩叠层不宜超过5层。

4）严禁出现拖桩现象。

5）合理选择压桩设备及抱压压力。

3. 桩身混凝土质量差

（1）现象：桩身表面有蜂窝、空洞，桩身夹土、分段级配不均匀，浇筑混凝土后的桩顶浮浆过多。

（2）原因分析：

1）浇筑混凝土或放入钢筋笼时，孔壁受到振动使孔壁土同混凝土一起灌入孔中，造成桩身夹土。

2）混凝土和易性不好，浇筑时发生离析现象，使桩身出现分段不均匀的情况。

3）水泥过期，骨料含泥量大，配合比不当等造成桩身强度低。

4）浇筑混凝土时，孔口未放铁板或漏斗，使孔口浮土混入。

（3）预防措施：

1）严格按照混凝土操作规程施工。为了保证混凝土和易性，可掺入外加剂等。严禁把土及杂物和在混凝土中一起灌入孔内。

2）浇筑混凝土前必须先放好钢筋笼，避免在浇筑混凝土过程中吊放钢筋笼。

3）浇筑混凝土前，先在孔口放好铁板或漏斗，以防止回落土掉入孔内。

4）雨期施工孔口要做围堰，防止雨水灌孔影响质量。

5）桩孔较深时，可吊放振捣棒振捣，以保证桩底部密实度。

（4）治理方法：

1）如情况不严重且单桩承载力不大，可与设计单位研究采取加大承台梁的办法解决。

2）如有严重质量问题，则按桩身断裂的处理。

3）按照浇筑混凝土的质量要求，除要做标准养护混凝土试块外，还要在现场做试块，以验证所浇筑混凝土的质量，并为今后补救措施提供依据。

4）浇筑混凝土时，应随浇筑随振捣，每次浇筑高度不得超过1.5m；大直径桩振捣应至少插入2个位置，振捣时间不少于30s。

4. 塌孔

（1）现象：成孔后，孔壁局部塌落。

（2）原因分析：

1）护壁泥浆密度和浓度不足，在孔壁形成的泥皮不好，起不到护壁作用。孔内浆位低于孔外水位或孔内出现承压水，降低了静水压力。

2）安装钢筋笼时碰撞孔壁，破坏了泥皮和孔壁土体结构。

3）在较差土层中如淤泥、松散砂层中钻进时，进尺太快或停在某一土层时空转时间太长，或排除较大障碍物形成大空洞而漏水致孔壁坍塌。

（3）防治措施：

1）控制成孔速度。成孔速度应根据土质情况选取，在松散砂土中钻进时，应控制进尺，并选用较大密度、黏度、胶体率的优质泥浆。

2）提高孔内水位高度，增大水头。

3）安装钢筋笼时应防止钢筋笼碰撞孔壁。

【例题2-4】 某市一制品厂新建56000m² 钢结构厂房，其中A至B轴为额外二层框架

结构的办公楼，基础为桩承台基础，一层地面为 C20 厚 150mm 混凝土。2007 年开工，2008 年竣工。施工图中设计有 15 处预应力混凝土管桩基础，在施工后，现场检查发现如下事件：

事件一：有 5 根桩深度不够。

事件二：有 3 根桩桩身断裂。

另施工图 B 处还设计有桩承台基础，放线人员由于看图不细，承台基础超挖 0.5m；由于基坑和地面回填土不密实，致使地面沉降开裂严重。

问题：

1. 简述事件一质量问题发生的原因及预防措施。
2. 简述事件二质量问题发生的原因及预防措施。
3. 超挖部分是否需要处理？如何处理？
4. 回填土不密实的现象、原因及防治方法是什么？

例题 2-4 答案

任务五　地下防水工程质量控制与验收

地下防水工程是对房屋建筑、防护工程、市政隧道、地下铁道等地下工程进行防水设计、防水施工和维护管理等各项技术工作的工程实体。地下工程的防水等级标准见表 2-23。

表 2-23　地下工程防水等级标准

防水等级	标　　准
1 级	不允许渗水，结构表面无湿渍
2 级	不允许漏水，结构表面可有少量湿渍 工业与民用建筑：湿渍总面积不大于总防水面积的 1‰，单个湿渍面积不大于 0.1m^2，任意 100m^2 防水面积不超过 1 处 其他地下工程：湿渍总面积不应大于总防水面积的 2‰；任意 100m^2 防水面积上的湿渍不超过 3 处，单个湿渍的最大面积不大于 0.2m^2；其中，隧道工程平均渗水量不大于 0.05L/（m^2·d），任意 100m^2 防水面积上的渗水量不大于 0.15L/（m^2·d）
3 级	有少量漏水点，不得有线流和漏泥沙 任意 100m^2 防水面积不超过 7 处，单个漏水点的漏水量不大于 2.5L/d，单个湿渍面积不大于 0.3m^2
4 级	有漏水点，不得有线流和漏泥沙 整个工程平均漏水量不大于 2L/m^2·d，任意 100m^2 防水面积的平均漏水量不大于 4L/m^2·d

地下防水工程必须由持有资质等级证书的专业防水队伍进行施工，主要施工人员应持有省级及以上建设行政主管部门或其指定单位颁发的执业资格证书或防水专业岗位证书。地下防水工程的施工，应建立各道工序的自检、交接检和专职人员检查的制度，并有完整的检查记录。工程隐蔽前，应由施工单位通知有关单位进行验收，并形成隐蔽工程验收记录；未经监理单位或建设单位代表对上道工序的检查确认，不得进行下道工序的施工。

地下防水工程施工前，应通过图纸会审，掌握结构主体及细部构造的防水要求，施工单位应编制防水工程专项施工方案，经监理单位或建设单位审查批准后执行。

防水材料的进场验收应对材料的外观、品种、规格、包装、尺寸和数量以及材料的质量证明文件等进行检查验收，并经监理单位或建设单位代表检查确认，形成相应验收记录；材料进场后应按规定抽样检验，检验应执行见证取样送检制度，并出具材料进场检验报告；材料的物理性能检验项目全部指标达到标准规定时，即为合格；若有一项指标不符合标准规定，应在受检产品中重新取样进行该项指标复验，复验结果符合标准规定，则判定该批材料为合格。

地下防水工程施工期间，必须保持地下水位稳定在工程底部最低高程 0.5m 以下，必要时应采取降水措施。对采用明沟排水的基坑，应保持基坑干燥。地下防水工程的防水层，严禁在雨天、雪天和五级风及其以上时施工，其施工环境气温条件宜符合表 2-24 的规定。

表 2-24　防水材料施工环境气温条件

防 水 材 料	施工环境气温条件
高聚物改性沥青防水卷材	冷粘法、自粘法不低于 5℃，热熔法不低于-10℃
合成高分子防水卷材	冷粘法、自粘法不低于 5℃，焊接法不低于-10℃
有机防水涂料	溶剂型-5~35℃，反应型、溶乳型 5~35℃
无机防水涂料	5~35℃
防水混凝土、水泥砂浆	5~35℃
膨润土防水涂料	不低于-20℃

一、防水混凝土工程

防水混凝土工程质量控制与检验

防水混凝土适用于抗渗等级不小于 P6 的地下混凝土结构。不适用于环境温度高于 80℃的地下工程。处于侵蚀性介质中，防水混凝土的耐侵蚀性要求应符合规定。

防水混凝土的配合比应经试验确定，并应符合下列规定：

（1）试配要求的抗渗水压值应比设计值提高 0.2MPa。

（2）混凝土胶凝材料总量不宜小于 320kg/m^3，其中水泥用量不宜少于 260kg/m^3；粉煤灰掺量宜为胶凝材料总量的 20%~30%，硅粉的掺量宜为胶凝材料总量的 2%~5%。

（3）水胶比不得大于 0.50，有侵蚀性介质时水胶比不宜大于 0.45。

（4）砂率宜为 35%~40%，泵送时可增加到 45%。

（5）灰砂比宜为 1:1.5~1:2.5。

（6）混凝土拌合物的氯离子含量不应超过胶凝材料总量的 0.1%；混凝土中各类材料的总碱量即 Na_2O 当量不得大于 3kg/m^3。

防水混凝土采用预拌混凝土时，入泵坍落度宜控制在 120~140mm，坍落度每小时损失不应大于 20mm，坍落度总损失值不应大于 40mm。

混凝土拌制和浇筑过程控制应符合下列规定：

（1）拌制混凝土所用材料的品种、规格和用量，每工作班检查不应少于两次。每盘混凝土各组成材料计量结果的允许偏差应符合表 2-25 的规定。

（2）混凝土在浇筑地点的坍落度，每工作班至少检查两次。混凝土的坍落度试验应符合现行国家标准《普通混凝土拌合物性能试验方法标准》GB/T 50080 的有关规定。混凝土实测的坍落度与要求坍落度之间的偏差应符合表 2-26 的规定。

表 2-25　混凝土各组成材料计量结果的允许偏差（%）

混凝土组成材料	每盘计量	累计计量
水泥、掺合料	±2	±1
粗、细骨料	±3	±2
水、外加剂	±2	±1

注：累计计量仅适用于微机控制计量的搅拌站。

表 2-26　混凝土坍落度允许偏差

要求坍落度/mm	允许偏差/mm
≤40	±10
50~90	±15
≥100	±20

（3）如防水混凝土拌合物在运输后出现离析，必须进行二次搅拌。当坍落度损失后不能满足施工要求时，应加入原水胶比的水泥浆或掺加同品种的减水剂进行搅拌，严禁直接加水。

防水混凝土工程的质量检验标准见表 2-27。

表 2-27　防水混凝土工程的质量检验标准

项	序	检查项目	质量要求	检查方法	检查数量
主控项目	1	原材料、配合比及坍落度	必须符合设计要求	检查产品合格证、产品性能检测报告、计量措施和材料进场检验报告	按混凝土外露面积每 $100m^2$ 抽查 1 处，每处 $10m^2$，且不得少于 3 处
	2	抗压强度和抗渗性能		检查混凝土抗压强度、抗渗性能检验报告	
	3	变形缝、施工缝、后浇带、穿墙管、埋设件等的设置和构造		观察检查和检查隐蔽工程验收记录	
一般项目	1	表面质量	表面应坚实、平整，不得有露筋、蜂窝等缺陷；埋设件位置应准确	观察检查	
	2	结构表面的裂缝宽度	不应大于 0.2mm，且不得贯通	用刻度放大镜检查	
	3	结构厚度、迎水面钢筋保护层厚度	结构厚度不应小于 250mm，其允许偏差应为 +8mm、-5mm；主体结构迎水面钢筋保护层厚度不应小于 50mm，其允许偏差为±5mm	尺量检查和检查隐蔽工程验收记录	

二、水泥砂浆防水层

水泥砂浆防水层质量控制与检验

水泥砂浆防水层适用于地下工程主体结构的迎水面或背水面。不适用于受持续振动或环境温度高于80℃的地下工程。

水泥砂浆防水层应采用聚合物水泥防水砂浆、掺外加剂或掺合料的防水砂浆。水泥应使用普通硅酸盐水泥、硅酸盐水泥或特种水泥，不得使用过期或受潮结块的水泥。砂宜采用中砂，含泥量不应大于1%，硫化物和硫酸盐含量不得大于1%。水应采用不含有害物质的洁净水。聚合物乳液的外观为均匀液体，无杂质、无沉淀、不分层。外加剂的技术性能应符合国家或行业有关标准的质量要求。

水泥砂浆终凝后应及时进行养护，养护温度不宜低于5℃，并应保持砂浆表面湿润，养护时间不得少于14d。聚合物水泥防水砂浆未达到硬化状态时，不得浇水养护或直接受雨水冲刷，硬化后应采用干湿交替的养护方法。潮湿环境中，可在自然条件下养护。

水泥砂浆防水层的质量检验标准见表2-28。

表2-28 水泥砂浆防水层的质量检验标准

项	序	检查项目	质量要求	检查方法	检查数量
主控项目	1	原材料、配合比	必须符合设计要求	检查产品合格证、产品性能检测报告、计量措施和材料进场检验报告	按施工面积每100m^{2}抽查1处，每处10m^2，且不得少于3处
	2	粘结强度和抗渗性能		检查砂浆粘结强度、抗渗性能检验报告	
	3	防水层与基层之间结合面	结合牢固，无空鼓现象	观察和用小锤轻击检查	
一般项目	1	表面质量	表面应密实、平整，不得有裂纹、起砂、麻面等缺陷	观察检查	
	2	施工缝	施工缝留槎位置应正确，接槎应按层次顺序操作，层层搭接紧密	观察检查和检查隐蔽工程验收记录	
	3	厚度	平均厚度应符合设计要求，最小厚度不得小于设计值的85%	用针测法检查	
	4	表面平整度	允许偏差应为5mm	用2m靠尺和楔形塞尺检查	

三、卷材防水层

卷材防水层质量控制与检验

卷材防水层适用于受侵蚀性介质作用或受振动作用的地下工程；卷材防水层应铺设在主体结构的迎水面。

卷材防水层应采用高聚物改性沥青防水卷材和合成高分子防水卷材。所选用的基层处理剂、胶粘剂、密封材料等均应与铺贴的卷材相匹配。铺贴防水卷材前，基面应清扫干净、干燥，并应涂刷基层处理剂；当基面潮湿时，

应涂刷湿固化型胶粘剂或潮湿界面隔离剂。基层阴阳角应做成圆弧或45°坡角，其尺寸应根据卷材品种确定；在转角处、变形缝、施工缝、穿墙管等部位应铺贴卷材加强层，加强层宽度不应小于500mm。防水卷材的搭接宽度应符合表2-29的要求。铺贴双层卷材时，上下两层和相邻两幅卷材的接缝应错开1/3~1/2幅宽，且两层卷材不得相互垂直铺贴。

表2-29　防水卷材的搭接宽度

<table>
<tr><th>卷材品种</th><th>搭接宽度/mm</th></tr>
<tr><td>弹性体改性沥青防水卷材</td><td>100</td></tr>
<tr><td>改性沥青聚乙烯胎防水卷材</td><td>100</td></tr>
<tr><td>自粘聚合物改性沥青防水卷材</td><td>80</td></tr>
<tr><td>三元乙丙橡胶防水卷材</td><td>100/60（胶粘剂/胶结带）</td></tr>
<tr><td rowspan="2">聚氯乙烯防水卷材</td><td>60/80（单面焊/双面焊）</td></tr>
<tr><td>100（胶粘剂）</td></tr>
<tr><td>聚乙烯丙纶复合防水卷材</td><td>100（粘结料）</td></tr>
<tr><td>高分子自粘胶膜防水卷材</td><td>70/80（自粘胶/胶结带）</td></tr>
</table>

卷材防水层完工并经验收合格后应及时做保护层，保护层应符合下列规定：

（1）顶板的细石混凝土保护层与防水层之间宜设置隔离层。细石混凝土保护层厚度：机械回填时不宜小于70mm，人工回填时不宜小于50mm。

（2）底板的细石混凝土保护层厚度不应小于50mm。

（3）侧墙宜采用软质保护材料或铺抹20mm厚1∶2.5水泥砂浆。

卷材防水层的质量检验标准见表2-30。

表2-30　卷材防水层的质量检验标准

<table>
<tr><th>项</th><th>序</th><th>检查项目</th><th>质量要求</th><th>检查方法</th><th>检查数量</th></tr>
<tr><td rowspan="2">主控项目</td><td>1</td><td>卷材及其配套材料</td><td rowspan="2">必须符合设计要求</td><td>检查产品合格证、产品性能检测报告和材料进场检验报告</td><td rowspan="6">按铺贴面积每100m² 抽查1处，每处10m²，且不得少于3处</td></tr>
<tr><td>2</td><td>转角处、变形缝、施工缝、穿墙管等部位做法</td><td>观察检查和检查隐蔽工程验收记录</td></tr>
<tr><td rowspan="4">一般项目</td><td>1</td><td>搭接缝</td><td>应粘贴或焊接牢固，密封严密，不得有扭曲、皱折、翘边和起泡等缺陷</td><td>观察检查</td></tr>
<tr><td>2</td><td>搭接宽度</td><td>采用外防外贴法铺贴卷材防水层时，立面卷材接槎的搭接宽度，高聚物改性沥青类卷材应为150mm，合成高分子类卷材应为100mm，且上层卷材应盖过下层卷材</td><td rowspan="3">观察和尺量检查</td></tr>
<tr><td>3</td><td>保护层</td><td>侧墙卷材防水层的保护层与防水层应结合紧密、保护层厚度应符合设计要求</td></tr>
<tr><td>4</td><td>搭接宽度的允许偏差</td><td>应为-10mm</td></tr>
</table>

四、地下防水工程施工常见质量问题

1. 地下室穿墙管部位渗漏

(1) 现象：地下水位较高，在一定水压力作用下，地下水沿穿墙管道与地下室混凝土墙的接触部位渗入室内。

(2) 原因分析：穿墙管道一般为钢管或铸铁管，外壁比较光滑，与混凝土、砖砌体很难紧密结合，接缝部位就成为渗水的主要通道。

1) 穿墙管道的位置在土建施工时未预留，安装管道时在墙上凿孔，破坏了墙壁的整体防水性能，埋设管道后，填缝的细石混凝土、水泥砂浆等嵌填不密实。

2) 预先埋入套管的直径较大时，管底部的墙体混凝土振捣较为困难，在此部位出现蜂窝等。

3) 穿墙管道的安装位置，未设置止水法兰盘。

4) 将止水法兰盘直接焊在穿墙管道上，混凝土浇筑后与穿墙管道固结一体，发生不均匀沉降时，穿墙管道无变形能力。

5) 穿墙的热力管道由于处理不当，或只按常温穿墙管道处理，在温差作用下管道发生胀缩变形，在墙体内往复活动，造成管道周边防水层破坏。

(3) 防治措施：

1) 快硬水泥胶浆堵漏法。先在地下水混凝土墙的外侧沿管道四周凿出一条宽 30mm、深 40mm 的凹槽，用清水清洗干净；若穿墙管道外部有锈蚀，需用砂纸打磨除去锈斑浮皮，然后用溶剂清洗干净。在集中漏水点的位置继续凿至 70mm 深，用一根直径 10mm 的塑料管对准漏水点，再用快硬水泥胶浆将其固结，观察漏水是否从塑料管中流出，若不能流出则需凿开重做，直至漏水能从塑料管中流出为止；用快硬水泥胶浆对漏水部位逐点封堵，直至全部封堵完毕。再在快硬水泥胶浆表面涂抹水泥素浆和水泥砂浆各一道，厚约 6~7mm，待砂浆具有一定强度后，在上面涂刷两道聚氨酯防水涂料或其他柔性防水涂料，厚约 2mm，再用无机铝盐防水砂浆做保护层，分两道进行，厚度约 15~20mm，并抹平压光，湿润养护 7d。在确认除引水软管外，在穿墙管四周已无渗漏时，将软管拔出，然后在孔中注入丙烯酰胺浆材，进行堵水，注浆压力为 0.32MPa，漏点封住后，用快硬水泥封孔。

2) 遇水膨胀橡胶堵漏法。先沿穿墙管道周围混凝土墙上凿出一条宽 30mm、深 40mm 的凹槽，用清水清洗干净；然后剪一条宽 30mm、厚 30mm 的遇水膨胀橡胶条，长度以绕管一周为准，在接头处插入一根直径 10mm 的引水管，并使其对准漏水点，经过一昼夜后，遇水膨胀橡胶已充分膨胀，主要的渗水点已被封住，然后喷涂水玻璃浆液，喷涂厚度为 1~1.5mm。然后沿橡胶条与穿墙管道混凝土的接缝涂刷两遍聚氨酯或硅橡胶防水涂料，厚 3~5mm，随即撒上热干砂。再用阳离子氯丁胶乳水泥砂浆涂抹，厚 15mm（水泥:中砂:胶乳:水=1:2:0.4:0.2）的刚性防水层，待这层防水层达到强度后，拔出引水胶管，用堵漏浆液注浆堵水。

2. 高聚物改性沥青卷材搭接处渗水

(1) 现象：铺贴后的卷材甩槎被污损破坏，或立面保护墙的卷材被撕破，层次不清，无法搭接。

（2）原因分析：

1）临时保护墙砌筑强度高，不易拆除，或拆除时不仔细，没有采取相应的保护措施。

2）施工现场组织管理不善，工序搭接不紧凑；排降水措施不完善，水位回升，浸泡、沾污了卷材搭接处。

3）在缺乏保护措施的情况下，底板垫层四周架空平伸向立墙卷铺的卷材，更易污损破坏。

（3）防治措施：从混凝土底板下面甩出的卷材可刷油铺贴在永久性保护墙上，但超出永久性保护墙部位的卷材不刷油铺实，而用附加保护油毡包裹钉在木砖上，待完成主体结构、拆除临时保护墙时，撕去附加保护油毡，可使内部各层卷材完好无缺。

【例题2-5】 某办公楼工程，建筑面积82000m²，地下3层，地上20层，钢筋混凝土框架剪力墙结构，距临近6层住宅楼7m，地基土层为粉质黏土和粉细砂，地下水为潜水。地下水位−9.5m，自然地面−0.5m，基础为筏形基础，埋深14.5m，基础底板混凝土厚1500mm，水泥采用普通硅酸盐水泥，采取整体连续分层浇筑方式施工，基坑支护工程委托有资质的专业单位施工，降排的地下水用于现场机具、设备清洗，主体结构选择有相应资质的A劳务公司作为劳务分包，并签订了劳务分包合同。

建筑防水施工中发现地下室外壁防水混凝土施工缝有多处出现渗漏水。

问题：试述建筑防水施工中质量问题产生的原因和治理方法。

例题2-5答案

【综合案例】 某单位工程地处闹市区，场地狭小，总建筑面积30000m²，其中地上建筑面积为25000m²，地下2层，建筑面积为5000m²，全现浇钢筋混凝土框架−剪力墙结构，筏形基础的混凝土底板厚1500mm，采取整体连续分层浇筑方式施工。基坑东、北两面距离建筑围墙2m，西、南两面距离交通主干道9m，深度15m，地下水位−8m，地下水从南流向北，施工单位的降水方案是在基坑南边布置单排轻型井点。

基坑开挖到设计标高以后，施工单位和监理单位对基坑进行验槽，并对基坑进行了钎探，发现地基西北角约有300m²的软土区，监理工程师随即指令施工单位进行换填处理，换填级配碎石。

土方开挖采用机械一次挖至槽底标高，再进行基坑支护，基坑支护采用土钉墙支护，最后进行降水，降排的地下水用于现场机具、设备清洗。

建筑防水施工中发现地下室外壁防水混凝土施工缝有多处出现渗漏水。

问题：

地基与基础工程综合案例

1. 布置单排轻型井点是否正确？说明理由。

2. 施工单位和监理单位两家共同进行工程验槽的做法是否妥当？说明理由。

3. 发现基坑底软土区后，进行基底处理的工作程序是怎样的？

4. 土方开挖方案和基坑支护方案是否合理？为什么？

5. 该项目基坑先开挖后降水的方案是否合理？为什么？

6. 降排的地下水还可用于施工现场哪些方面？

7. 试述建筑防水施工中质量问题产生的原因。

本章小结

本章主要介绍了土方工程质量控制与验收、基坑工程质量控制与验收、地基工程质量控制与验收、桩基础工程质量控制与验收及地下防水工程质量控制与验收五大部分内容。

土方工程质量控制与验收包括土方开挖工程质量控制与验收和土方回填工程质量控制与验收。

基坑工程质量控制与验收包括排桩墙支护工程质量控制与验收、锚杆及土钉墙支护工程质量控制与验收、地下连续墙工程质量控制与验收及降水与排水工程质量控制与验收。

地基工程质量控制与验收包括水泥粉煤灰碎石桩复合地基质量控制与验收。

桩基础工程质量控制与验收包括静力压桩质量控制与验收和混凝土灌注桩质量控制与验收。

地下防水工程质量控制与验收包括防水混凝土工程质量控制与验收、水泥砂浆防水层质量控制与验收、卷材防水层质量控制与验收。

课后习题

一、单项选择题

1. 采用机械挖土时，应预留（　　）cm 厚的土层经人工开挖。

A. 10~20　　B. 20~30　　C. 30~40　　D. 0

2. 填筑厚度及压实遍数应根据土质、（　　）及所用机具确定。

A. 压实系数　　B. 排水措施　　C. 每层填筑厚度　　D. 含水量控制

3. 混凝土支撑系统平面位置的检查方法为（　　）。

A. 经纬仪　　B. 水准仪　　C. 用钢尺量　　D. 水平尺

4. 永久性结构的地下连续墙，在钢筋笼沉放后，应做二次清孔，（　　）应符合要求。

A. 泥浆比重　　B. 钢筋笼尺寸　　C. 浇筑导管位置　　D. 沉渣厚度

5. 采用挖掘机等机械挖土时，应使地下水位经常低于开挖底面不少于（　　）mm。

A. 250　　B. 500　　C. 750　　D. 1000

6. 土颗粒粒径的检查方法是（　　）。

A. 烘干法　　B. 筛分法　　C. 钢尺　　D. 水准仪

7. 砂和砂石地基的最优含水量可用（　　）求得。

A. 轻型击实试验　　B. 环刀取样试验　　C. 烘干试验　　D. 称重试验

8. 袋装水泥进场总重量为 1100t，检查时应划分为（　　）检验批。

A. 4　　B. 5　　C. 6　　D. 7

9. 静力压桩采用硫磺胶泥接桩时，胶泥浇筑时间要小于（　　）min。

A. 1　　B. 2　　C. 3　　D. 4

10. 混凝土后浇带应采用（　　）混凝土。

A. 强度等于两侧的　　B. 缓凝　　C. 补偿收缩　　D. 早期强度高的

二、简答题

1. 简述静力压桩质量检验的检查项目。

2. 简述混凝土灌注桩的质量控制点。

3. 简述防水混凝土、水泥砂浆防水、卷材防水、涂料防水的适用条件。

三、案例题

【案例一】 某办公楼工程，建筑面积 $18500m^2$，现浇钢筋混凝土框架结构，筏形基础。该工程位于市中心，场地狭小，开挖土方需运至指定地点，建设单位通过公开招标方式选定了施工总承包单位和监理单位，并按规定签订了施工总承包合同和监理委托合同。

合同履行过程中，施工总承包依据基础形式、工程规模、现场和机具设备条件以及土方机械的特点，选择了挖掘机、推土机、自卸汽车等土方施工机械，编制了土方施工方案。

问题：施工总承包单位选择土方施工机械的依据还应有哪些？

【案例二】 某工程地下 1 层，地下建筑面积 $4000m^2$，场地面积 $14000m^2$。基坑采用土钉墙支护，于 5 月份完成了土方作业，制定了雨期施工方案。

计划雨期施工主要部位：基础 SBS 改性沥青卷材防水工程、基础底板钢筋混凝土工程、地下室 1 层至地上 3 层结构、地下室土方回填。

施工单位认为防水施工一次面积太大，分两块两次施工。在第一块施工完成时，一场雨淋湿了第二块垫层，SBS 改性沥青卷材防水采用热熔法施工需要基层干燥。未等到第二块垫层晒干，又下雨了。施工单位采用排水措施如下：让场地内所有雨水流入基坑，在基坑内设一台水泵向场外市政污水管排水。由于水量太大，使已经完工的卷材防水全部被泡，经过日晒后有多处大面积鼓包。由于雨水冲刷，西面临近道路一侧土钉墙支护的土方局部发生塌方。事后，施工单位被业主解除了施工合同。

问题：

1. 本项目雨期施工方案中的防水卷材施工安排是否合理？为什么？

2. 本项目雨期施工方案中的排水安排是否合理？为什么？

3. 本项目比较合理的基坑度汛和雨期防水施工方案是什么？

□□□□□ □□□□□□□□□□□□□□

项目三

主体结构工程

【教学目标】

（一）知识目标

1. 了解主体结构工程施工质量控制要点。

2. 熟悉主体结构工程施工常见质量问题及预防措施。

3. 掌握主体结构工程验收标准、验收内容和验收方法。

（二）能力目标

1. 能根据《建筑工程施工质量验收统一标准》（GB 50300—2013）、《混凝土结构工程施工质量验收规范》（GB 50204—2015）、《砌体结构工程施工质量验收规范》（GB 50203—2019）及《钢结构工程施工质量验收规范》（GB 50205—2017），运用质量验收方法、验收内容等知识，对主体结构工程进行验收和评定。

2. 能根据《混凝土结构工程施工规范》（GB 50666—2011）、《砌体结构工程施工规范》（GB 50924—2014）及施工方案文件等，对主体结构工程常见质量问题进行预控。

任务一　混凝土结构工程质量控制与验收

对混凝土结构子分部工程，应在钢筋、预应力、混凝土、现浇结构或装配式结构等相关分项工程验收合格的基础上，进行质量控制资料检查及观感质量验收，并应对涉及结构安全的材料、试件、施工工艺和结构的重要部位进行见证检测或实体检验。分项工程的质量验收应在所含检验批验收合格的基础上，进行质量验收记录检查。

一、模板工程

模板工程应编制施工方案，爬升式模板工程、工具式模板工程及高大模板支架工程的施工方案应进行技术论证。模板及支架应根据安装、使用和拆除工况进行设计，并应满足承载力、刚度和整体稳固性要求。

模板拆除时，可采取先支的后拆、后支的先拆，先拆非承重模板、后拆承重模板的顺序，并应从上而下进行拆除。底模及支架应在混凝土强度达到设计要求后再拆除；当设计无具体要求时，同条件养护的混凝土立方体试件抗压强度应符合表 3-1 的规定。当混凝土强度能保证其表面及棱角不受损伤时，方可拆除侧模。

表 3-1　底模拆除时的混凝土强度要求

构件类型	构件跨度/m	达到设计的混凝土强度等级值的百分率计（%）
板	≤2	≥50
	>2，≤8	≥75
	>8	≥100
梁、拱、壳	≤8	≥75
	>8	≥100
悬臂构件		≥100

模板安装工程的质量检验标准见表 3-2。

模板工程质量控制与检验——主控项目

模板工程质量控制与检验——一般项目

表 3-2　模板安装工程质量检验标准

项	序	检查项目	质量要求	检查方法	检查数量
主控项目	1	模板及支架用材料	技术指标应符合现行国家有关标准的规定。进场时应抽样检验模板和支架的外观、规格和尺寸	检查质量证明文件，观察，尺量	按现行国家相关标准的规定确定
	2	现浇混凝土结构模板及支架的安装质量	应符合现行国家有关标准的规定和施工方案的要求	按现行国家有关标准的规定执行	
	3	后浇带处的模板及支架	应独立设置	观察	全数检查
	4	支架竖杆和竖向模板安装在土层上	应符合下列规定： （1）土层应坚实、平整，其承载力或密实度应符合施工方案的要求 （2）应有防水、排水措施；对冻胀土，应有预防冻融措施 （3）支架竖杆下应有底座或垫板	观察；检查土层密实度检测报告、土层承载力验算或现场检测报告	

（续）

项	序	检查项目	质量要求	检查方法	检查数量
一般项目	1	模板安装质量	（1）模板的接缝应严密 （2）模板内不应有杂物、积水或冰雪等 （3）模板与混凝土的接触面应平整、清洁 （4）用作模板的地坪、胎膜等应平整、清洁，不应有影响构件质量的下沉、裂缝、起砂或起鼓 （5）对清水混凝土及装饰混凝土构件，应使用能达到设计效果的模板	观察	全数检查
	2	隔离剂	隔离剂的品种和涂刷方法应符合施工方案的要求。隔离剂不得影响结构性能及装饰施工；不得沾污钢筋、预应力筋、预埋件和混凝土接槎处；不得对环境造成污染	检查质量证明文件；观察	
	3	模板的起拱	应符合现行国家标准《混凝土结构工程施工规范》GB 50666 的规定，并应符合设计及施工方案的要求	水准仪或尺量	在同一检验批内，对梁，跨度大于 18m 时应全数检查，跨度不大于 18m 时应抽查构件数量的 10%，且不应少于 3 件；对板，应按有代表性的自然间抽查 10%，且不少于 3 间；对大空间结构，板可按纵、横轴线划分检查面，抽查 10%，且均不少于 3 面
	4	现浇混凝土结构多层连续支模	应符合施工方案的规定。上下层模板支架的竖杆宜对准，竖杆下垫板的设置应符合施工方案的要求	观察	全数检查
	5	预埋件、预留孔洞允许偏差	固定在模板上的预埋件、预留孔洞不得遗漏，且应安装牢固。有抗渗要求的混凝土结构中的预埋件，应按设计及施工方案的要求采取防渗措施。预埋件和预留孔洞的位置应满足设计和施工方案的要求，当设计无具体要求时，其位置偏差应符合表 3-3 的规定	观察，尺量	在同一检验批内，对梁、柱和独立基础，应抽查构件数量的 10%，且不应少于 3 件；对墙和板，应按有代表性的自然间抽查 10%，且不应少于 3 间；对大空间结构，墙可按相邻轴线间高度 5m 左右划分检查面，板可按纵、横轴线划分检查面，抽查 10%，且均不少于 3 面
	6	现浇结构模板安装允许偏差	允许偏差应符合表 3-4 的规定	见表 3-4	
	7	预制构件模板安装	允许偏差应符合表 3-5 的规定	见表 3-5	首次使用及大修后的模板应全数检查；使用中的模板应抽查 10%，且不应少于 5 件，不足 5 件时应全数检查

表 3-3　预埋件和预留孔洞的位置允许偏差

项　　目		允许偏差/mm
预埋板中心线位置		3
预埋管、预留孔中心线位置		3
插筋	中心线位置	5
	外露长度	+10，0
预埋螺栓	中心线位置	2
	外露长度	+10，0
预留洞	中心线位置	10
	尺寸	+10，0

注：检查中心线位置时，应沿纵、横两个方向量测，并取其中的较大值。

表 3-4　现浇结构模板安装的允许偏差及检验方法

项　　目		允许偏差/mm	检 查 方 法
轴线位置		5	尺量
底模上表面标高		±5	水准仪或拉线、尺量
模板内部尺寸	基础	±10	尺量
	柱、墙、梁	±5	
	楼梯相邻踏步高差	±5	
垂直度	柱、墙层高≤5m	8	经纬仪或吊线、尺量
	柱、墙层高>5m	10	
相邻两块模板表面高差		2	尺量
表面平整度		5	2m 靠尺和塞尺量测

注：检查轴线位置当有纵、横两个方向时，沿纵、横两个方向量测，并取其中偏差的较大值。

表 3-5　预制构件模板安装的允许偏差及检验方法

项　　目		允许偏差/mm	检 查 方 法
长度	梁、板	±4	尺量两侧边，取其中较大值
	薄腹梁、桁架	±8	
	柱	0，-10	
	墙板	0，-5	
宽度	板、墙板	0，-5	尺量两端及中部，取其中较大值
	梁、薄腹梁、桁架	+2，-5	
高（厚）度	板	+2，-3	尺量两端及中部，取其中较大值
	墙板	0，-5	
	梁、薄腹梁、桁架、柱	+2，-5	
侧向弯曲	梁、板、柱	$L/1000$ 且≤15	拉线、尺量最大弯曲处
	墙板、薄腹梁、桁架	$L/1500$ 且≤15	

（续）

项目		允许偏差/mm	检查方法
板的表面平整度		3	2m 靠尺和塞尺量测
相邻两板表面高低差		1	尺量
对角线差	板	7	尺量两对角线
	墙板	5	
翘曲	板、墙板	L/1500	水平尺在两端量测
设计起拱	薄腹梁、桁架、梁	±3	拉线、尺量跨中

注：L 为构件长度（mm）。

二、钢筋工程

浇筑混凝土之前应进行钢筋隐蔽工程验收，其内容包括纵向受力钢筋的品种、规格、数量、位置等；钢筋的连接方式、接头位置、接头数量、接头面积百分率等；箍筋、横向钢筋的品种、规格、数量、间距等；预埋件的规格、数量、位置等。

钢筋、成型钢筋进场检验，当满足下列条件之一时，其检验批容量可扩大一倍：

（1）获得认证的钢筋、成型钢筋。

（2）同一厂家、同一牌号、同一规格的钢筋，连续三批均一次检验合格。

（3）同一厂家、同一类型、同一钢筋来源的成型钢筋，连续三批均一次检验合格。

钢筋材料质量控制与检验

材料的质量检验标准见表 3-6。

表 3-6　材料质量检验标准

项	序	检查项目	质量要求	检查方法	检查数量
主控项目	1	钢筋力学性能和重量偏差检验	钢筋进场时，应按现行国家相关标准的规定抽取试件作屈服强度、抗拉强度、伸长率、弯曲性能和重量偏差检验，检验结果应符合相应标准的规定	检查质量证明文件和抽样检验报告	按进场的批次和产品的抽样检验方案确定
	2	成型钢筋力学性能和重量偏差检验	成型钢筋进场时，应抽取试件作屈服强度、抗拉强度、伸长率和重量偏差检验，检验结果应符合现行国家相关标准的规定； 对由热轧钢筋制成的成型钢筋，当有施工单位或监理单位的代表驻厂监督生产过程，并提供原材钢筋力学性能第三方检验报告时，可仅进行重量偏差检验	检查质量证明文件和抽样检验报告	同一厂家、同一类型、同一钢筋来源的成型钢筋，不超过 30t 为一批，每批中每种钢筋牌号、规格均应至少抽取 1 个钢筋试件，总数不应少于 3 个
	3	抗震用钢筋强度实测值	对一、二、三级抗震等级设计的框架和斜撑构件（含梯段）中的纵向受力钢筋应采用 HRB335E、HRB400E、HRB500E、HRBF335E、HRBF400E 或 HRBF500E 钢筋，其强度和最大力下总伸长率的实测值应符合下列规定： （1）抗拉强度实测值与屈服强度实测值的比值不应小于 1.25 （2）屈服强度实测值与屈服强度标准值的比值不应大于 1.3 （3）最大力下总伸长率不应小于 9%	检查抽样检验报告	按进场的批次和产品的抽样检验方案确定

（续）

项	序	检查项目	质量要求	检查方法	检查数量
一般项目	1	钢筋外观质量	钢筋应平直、无损伤、表面不得有裂纹、油污、颗粒状或片状老锈	观察	全数检查
	2	成型钢筋外观质量	成型钢筋的外观质量和尺寸偏差应符合现行国家相关标准的规定	观察，尺量	同一厂家、同一类型的成型钢筋，不超过30t为一批，每批随机抽取3个成型钢筋试件
	3	套筒、锚固板、预埋件外观质量	钢筋机械连接套筒、钢筋锚固板以及预埋件等的外观质量应符合现行国家相关标准的规定	检查产品质量证明文件；观察、尺量	按现行国家相关标准的规定确定

钢筋加工的质量检验标准见表3-7。

钢筋加工质量控制与检验

表3-7 钢筋加工质量检验标准

项	序	检查项目	质量要求	检查方法	检查数量
主控项目	1	钢筋弯折的弯弧内直径	（1）光圆钢筋，不应小于钢筋直径的2.5倍 （2）335MPa级、400MPa级带肋钢筋，不应小于钢筋直径的4倍 （3）500MPa级带肋钢筋，当直径为28mm以下时不应小于钢筋直径的6倍，当直径为28mm及以上时不应小于钢筋直径的7倍 （4）钢筋弯折处尚不应小于纵向受力钢筋的直径	尺量	按每工作班同一类型钢筋、同一加工设备抽查不应少于3件
	2	纵向受力钢筋的弯折后平直段长度	光圆钢筋末端作180°弯钩时，弯钩的平直段长度不应小于钢筋直径的3倍		
	3	箍筋、拉筋的末端弯钩	（1）对一般结构构件，箍筋弯钩的弯折角度不应小于90°，弯折后平直段长度不应小于箍筋直径的5倍；对有抗震设防要求或设计有专门要求的结构构件，箍筋弯钩的弯折角度不应小于135°，弯折后平直段长度不应小于箍筋直径的10倍 （2）圆形箍筋的搭接长度不应小于其受拉锚固长度，且两末端弯钩的弯折角度不应小于135°，弯折后平直段长度对一般结构构件不应小于箍筋直径的5倍，对有抗震设防要求的结构构件不应小于箍筋直径的10倍 （3）梁、柱复合箍筋中的单肢箍筋两端弯钩的弯折角度均不小于135°，弯折后平直段长度应符合本条（1）对箍筋的有关规定		

（续）

项	序	检查项目	质量要求	检查方法	检查数量
主控项目	4	盘卷钢筋调直后力学性能和重量偏差	断后伸长率、重量偏差应符合表3-8的规定。力学性能和重量偏差检验应符合下列规定： （1）应对3个试件先进行重量偏差检验，再取其中2个试件进行力学性能检验 （2）检验重量偏差时，试件切口应平滑并与长度方向垂直，其长度不应小于500mm；长度和重量的量测精度分别不应低于1mm和1g 采用无延伸功能的机械设备调直的钢筋，可不进行本条规定的检验	检查抽样检验报告	同一加工设备、同一牌号、同一规格的调直钢筋，重量不大于30t为一批，每批见证抽取3个试件
一般项目	1	形状、尺寸	钢筋加工的形状、尺寸应符合设计要求，其偏差应符合表3-9的规定	尺量	按每工作班同一类型钢筋、同一加工设备抽查不应少于3件

表3-8　盘卷钢筋调直后的断后伸长率、重量偏差要求

钢筋牌号	断后伸长率A（%）	重量偏差（%）	
		直径8~12mm	直径14~16mm
HPB300	≥21	≥-10	—
HRB335、HRBF335	≥16	≥-8	≥-6
HRB400、HRBF400	≥15		
RRB400	≥13		
HRB500、HRBF500	≥14		

注：断后伸长率的量测标距为5倍钢筋直径。

表3-9　钢筋加工的允许偏差

项　　目	允许偏差/mm
受力钢筋沿长度方向净尺寸	±10
弯起钢筋的弯折位置	±20
箍筋外廓尺寸	±5

钢筋连接的质量检验标准见表3-10。

钢筋连接质量控制与检验

表 3-10　钢筋连接质量检验标准

<table>
<tr><th>项</th><th>序</th><th>检查项目</th><th>质量要求</th><th>检查方法</th><th>检查数量</th></tr>
<tr><td rowspan="3">主控项目</td><td>1</td><td>连接方式</td><td>应符合设计要求</td><td>观察</td><td>全数检查</td></tr>
<tr><td>2</td><td>机械连接接头、焊接接头</td><td>钢筋采用机械连接或焊接连接时，钢筋机械连接接头、焊接接头的力学性能、弯曲性能应符合现行国家相关标准的规定，接头试件应从工程实体中截取</td><td>检查质量证明文件和抽样检验报告</td><td>按现行行业标准《钢筋机械连接技术规程》JGJ 107 和《钢筋焊接及验收规程》JGJ 18 的规定确定</td></tr>
<tr><td>3</td><td>螺纹接头</td><td>应检验拧紧扭矩值，挤压接头应量测压痕直径，检验结果应符合现行行业标准《钢筋机械连接技术规程》JGJ 107 的相关规定</td><td>采用专用扭力扳手或专用量规检查</td><td>按现行行业标准《钢筋机械连接技术规程》JGJ 107 的规定确定</td></tr>
<tr><td rowspan="4">一般项目</td><td>1</td><td>钢筋接头的位置</td><td>钢筋接头的位置应符合设计和施工方案要求。有抗震设防要求的结构中，梁端、柱端箍筋加密区范围内不应进行钢筋搭接。接头末端至钢筋弯起点的距离不应小于钢筋直径的 10 倍</td><td>观察，尺量</td><td>全数检查</td></tr>
<tr><td>2</td><td>接头的外观</td><td>钢筋机械连接接头、焊接接头的外观质量应符合现行行业标准《钢筋机械连接技术规程》JGJ 107 和《钢筋焊接及验收规程》JGJ 18 的规定</td><td>观察，尺量</td><td>按现行行业标准《钢筋机械连接技术规程》JGJ 107 和《钢筋焊接及验收规程》JGJ 18 的规定确定</td></tr>
<tr><td>3</td><td>纵向受力钢筋机械连接、焊接的接头面积百分率</td><td>设置在同一构件内的接头宜相互错开。纵向受力钢筋当设计无具体要求时，应符合下列规定：
（1）受拉接头，不宜大于 50%；受压接头，可不受限制；
（2）直接承受动力荷载的结构构件中，不宜采用焊接；当采用机械连接时，不应超过 50%
注：①接头连接区段是指长度为 35d 且不小于 500mm 的区段，d 为相互连接两根钢筋的直径较小值；②同一连接区段内纵向受力钢筋接头面积百分率为接头中点位于该连接区段内的纵向受力钢筋截面面积与全部纵向受力钢筋截面面积的比值</td><td rowspan="2">观察，尺量</td><td rowspan="2">在同一检验批内，对梁、柱和独立基础，应抽查构件数量的 10%，且不少于 3 件；对墙和板，应按有代表性的自然间抽查 10%，且不少于 3 间；对大空间结构，墙可按相邻轴线间高度 5m 左右划分检查面，板可按纵、横轴线划分检查面，抽查 10%，且均不少于 3 面</td></tr>
<tr><td>4</td><td>绑扎搭接接头的设置</td><td>当纵向受力钢筋采用绑扎搭接接头时，接头的位置应符合下列规定：
（1）接头的横向净间距不应小于钢筋直径，且不应小于 25mm
（2）同一连接区段内，纵向受拉钢筋的接头面积百分率应符合设计要求；当设计无具体要求时，应符合下列规定：
1）梁类、板类及墙类构件，不宜超过 25%；基础筏板，不宜超过 50%
2）柱类构件，不宜超过 50%
3）当工程中确有必要增大接头面积百分率时，对梁类构件，不应大于 50%。
注：①接头连接区段是指长度为 1.3 倍搭接长度的区段。搭接长度取相互连接两根钢筋中较小直径计算；②同一连接区段内纵向受力钢筋接头面积百分率为接头中点位于该连接区段内的纵向受力钢筋截面面积与全部纵向受力钢筋截面面积的比值</td></tr>
</table>

（续）

项	序	检查项目	质量要求	检查方法	检查数量
一般项目	5	搭接长度范围内的箍筋	梁、柱类构件的纵向受力钢筋搭接长度范围内箍筋的设置应符合设计要求。当设计无具体要求时，应符合下列规定： （1）箍筋直径不应小于搭接钢筋较大直径的1/4 （2）受拉搭接区段的箍筋间距不应大于搭接钢筋较小直径的5倍，且不应大于100mm （3）受压搭接区段的箍筋间距不应大于搭接钢筋较小直径的10倍，且不应大于200mm （4）当柱中纵向受力钢筋直径大于25mm时，应在搭接接头两个端面外100mm范围内各设置二个箍筋，其间距宜为50mm	观察，尺量	在同一检验批内，应抽查构件数量的10%，且不应少于3件

钢筋安装的质量检验标准见表3-11。

钢筋安装质量控制与检验

表3-11　钢筋安装的质量检验标准

项	序	检查项目	质量要求	检查方法	检查数量
主控项目	1	受力钢筋的牌号、规格和数量	应符合设计要求	观察，尺量	全数检查
	2	受力钢筋的安装位置、锚固方式			
一般项目	1	钢筋安装位置	安装偏差和检验方法应符合表3-12的规定。梁板类构件上部受力钢筋保护层厚度的合格点率应达到90%及以上，且不得有超过表3-12中数值1.5倍的尺寸偏差		在同一检验批内，对梁、柱和独立基础，应抽查构件数量的10%，且不少于3件；对墙和板，应按有代表性的自然间抽查10%，且不少于3间；对大空间结构，墙可按相邻轴线间高度5m左右划分检查面，板可按纵、横轴线划分检查面，抽查10%，且均不少于3面

表3-12　钢筋安装位置的允许偏差和检验方法

项目		允许偏差/mm	检验方法
绑扎钢筋网	长、宽	±10	尺量
	网眼尺寸	±20	尺量连续三档，取最大偏差值
绑扎钢筋骨架	长	±10	尺量
	宽、高	±5	

（续）

项目		允许偏差/mm	检验方法
纵向受力钢筋	锚固长度	-20	尺量
	间距	±10	尺量两端、中间各一点，取最大偏差值
	排距	±5	
纵向受力钢筋、箍筋的混凝土保护层厚度	基础	±10	尺量
	柱、梁	±5	
	板、墙、壳	±3	
绑扎箍筋、横向钢筋间距		±20	尺量连续三档，取最大偏差值
钢筋弯起点位置		20	尺量，沿纵、横两个方向量测，并取其中偏差的较大值
预埋件	中心线位置	5	尺量
	水平高差	+3，0	塞尺量测

三、混凝土工程

混凝土强度应按现行国家标准《混凝土强度检验评定标准》GB/T 50107 的规定分批检验评定。划入同一检验批的混凝土，其施工持续时间不宜超过 3 个月。检验评定混凝土强度时，应采用 28d 或设计规定龄期的标准养护试件。采用蒸汽养护的构件，其试件应先随构件同条件养护，然后再置入标准条件下继续养护至 28d 或设计规定龄期。检验评定混凝土强度用的混凝土试件尺寸及强度的尺寸换算系数应按表 3-13 取用。

表 3-13 混凝土试件尺寸及强度的尺寸换算系数

骨料最大粒径/mm	试件尺寸/mm	强度的尺寸换算系数
≤31.5	100×100×100	0.95
≤40	150×150×150	1.00
≤63	200×200×200	1.05

注：对强度等级为 C60 及以上的混凝土试件，其强度的尺寸换算系数可通过试验确定。

当混凝土试件强度评定为不合格时，应委托具有资质的检测机构对结构构件中的混凝土强度进行检测推定。

水泥、外加剂进场检验，当满足下列条件之一时，其检验批容量可扩大一倍：

（1）获得认证的产品。

（2）同一厂家、同一品种、同一规格的产品，连续三次进场检验均一次检验合格。

原材料的质量检验标准见表 3-14。

混凝土原材料质量控制与检验

表 3-14　原材料质量检验标准

项	序	检查项目	质量要求	检查方法	检查数量
主控项目	1	水泥进场检验	水泥进场时应对其品种、代号、强度等级、包装或散装仓号、出厂日期等进行检查，并应对其强度、安定性和凝结时间进行检验，检验结果应符合现行国家标准《通用硅酸盐水泥》GB 175 的相关规定	检查质量证明文件和抽样检验报告	按同一厂家、同一品种、同一代号、同一强度等级、同一批号且连续进场的水泥，袋装不超过200t 为一批，散装不超过 500t 为一批，每批抽样不应少于一次
	2	外加剂质量	混凝土外加剂进场时，应对其品种、性能、出厂日期等进行检查，并应对外加剂的相关性能指标进行检验，检验结果应符合现行国家标准《混凝土外加剂》GB 8076、《混凝土外加剂应用技术规范》GB 50119 的规定		按同一厂家、同一品种、同一性能、同一批号且连续进场的混凝土外加剂，不超过 50t 为一批，每批抽样数量不应少于一次
一般项目	1	矿物掺合料的质量	混凝土用矿物掺合料进场时，应对其品种、性能、出厂日期等进行检查，并应对矿物掺合料的相关性能指标进行检验，检验结果应符合现行国家有关标准的规定	检查质量证明文件和抽样检验报告	按同一厂家、同一品种、同一批号且连续进场的矿物掺合料，粉煤灰、矿渣粉、磷渣粉、钢铁渣粉和复合矿物掺合料不超过200t 为一批，氟石粉不超过 120t 为一批，硅灰不超过30t 为一批，每批抽样数量不应少于一次
	2	粗、细骨料的质量	混凝土原材料中的粗、细骨料的质量，应符合现行行业标准《普通混凝土用砂、石质量及检验方法标准》JGJ 52 的规定，使用经过净化处理的海砂应符合现行行业标准《海砂混凝土应用技术规范》JGJ 206 的规定，再生混凝土骨料应符合现行国家标准《混凝土用再生粗骨料》GB/T 25177 和《混凝土和砂浆用再生细骨料》GB/T 25176 的规定	检查抽样检查报告	按现行行业标准《普通混凝土用砂、石质量及检验方法标准》JGJ 52 的规定确定
	3	水	混凝土拌制及养护用水应符合现行行业标准《混凝土用水标准》JGJ 63 的规定。采用饮用水作为混凝土用水时，可不检验；采用中水、搅拌站清洗水、施工现场循环水等其他水源时，应对其成分进行检验	检查水质检验报告	同一水源检查不应少于一次

混凝土拌和物的质量检验标准见表 3-15。

混凝土拌和物的质量控制与检验

表 3-15　混凝土拌合物的质量检验标准

项	序	检查项目	质量要求	检查方法	检查数量
主控项目	1	预拌混凝土进场	质量应符合现行国家标准《预拌混凝土》GB/T 14902 的规定	检查质量证明文件	全数检查
	2	离析	不应离析	观察	
	3	氯离子含量和碱总含量	应符合现行国家标准《混凝土结构设计规范》GB 50010 的规定和设计要求	检查原材料试验报告和氯离子、碱的总含量计算书	同一配合比的混凝土检查不应少于一次
	4	配合比开盘鉴定	首次使用的混凝土配合比应进行开盘鉴定，其原材料、强度、凝结时间、稠度等应满足设计配合比的要求	检查开盘鉴定资料和强度试验报告	
一般项目	1	稠度	混凝土拌合物稠度应满足施工方案的要求	检查稠度抽样检验记录	对同一配合比混凝土，取样见表 3-16
	2	耐久性	混凝土有耐久性指标要求时，应在施工现场随机抽取试件进行耐久性检验，其检验结果应符合现行国家有关标准的规定和设计要求	检查试件耐久性试验报告	同一配合比的混凝土，取样不应少于一次
	3	含气量	混凝土有抗冻要求时，应在施工现场进行混凝土含气量检验，其检验结果应符合现行国家有关标准的规定和设计要求	检查混凝土含气量检验报告	

表 3-16　混凝土拌合物稠度检查数量

拌制量	取样次数
每拌制 100 盘且不超过 $100m^3$	不得少于一次
每工作班拌制不足 100 盘	
每次连续浇筑超过 $1000m^3$，每 $200m^3$ 取样	
每一楼层	
每次取样应至少留置一组试件	

混凝土施工的质量检验标准见表 3-17。

表 3-17　混凝土施工的质量检验标准

项	序	检查项目	质量要求	检查方法	检查数量
主控项目	1	混凝土强度等级、试件的取样和留置	结构混凝土的强度等级必须符合设计要求。用于检验混凝土强度的试件，应在浇筑地点随机抽取	检查施工记录及混凝土强度试验报告	对同一配合比混凝土，取样见表3-16
一般项目	1	后浇带和施工缝的位置及处理	后浇带的留设位置应符合设计要求，后浇带和施工缝的位置及处理方法应符合施工方案要求	观察	全数检查
	2	混凝土养护	混凝土浇筑完毕后应及时进行养护，养护时间以及养护方法应符合施工方案要求	观察、检查混凝土养护记录	

原材料每盘称量的允许偏差见表 3-18。

表 3-18　原材料每盘称量的允许偏差

材料名称	允许偏差
水泥掺合料	±2%
粗细骨料	±3%
水外加剂	±2%

四、混凝土现浇结构工程

混凝土现浇结构质量控制与检验

混凝土现浇结构质量验收应符合下列规定：

(1) 结构质量验收应在拆模后混凝土表面未作修整和装饰前进行。

(2) 已经隐蔽的不可直接观察和量测的内容，可检查隐蔽工程验收记录。

(3) 修整或返工的结构构件部位应有实施前后的文字及其图像记录资料。

混凝土现浇结构外观质量应根据缺陷类型和缺陷程度进行分类，并应符合表 3-19 的分类规定。

表 3-19　混凝土现浇结构外观质量缺陷

名　称	现　象	严重缺陷	一般缺陷
露筋	构件内钢筋未被混凝土包裹而外露	纵向受力钢筋有露筋	其他钢筋有少量露筋
蜂窝	混凝土表面缺少水泥砂浆而形成石子外露	构件主要受力部位有蜂窝	其他部位有少量蜂窝
孔洞	混凝土中孔穴深度和长度均超过保护层厚度	构件主要受力部位有孔洞	其他部位有少量孔洞
夹渣	混凝土中夹有杂物且深度超过保护层厚度	构件主要受力部位有夹渣	其他部位有少量夹渣
疏松	混凝土中局部不密实	构件主要受力部位有疏松	其他部位有少量疏松

（续）

名　称	现　象	严重缺陷	一般缺陷
裂缝	缝隙从混凝土表面延伸至混凝土内部	构件主要受力部位有影响结构性能或使用功能的裂缝	其他部位有少量不影响结构性能或使用功能的裂缝
连接部位缺陷	构件连接处混凝土有缺陷及连接钢筋、连接件松动	连接部位有影响结构传力性能的缺陷	连接部位有基本不影响结构传力性能的缺陷
外形缺陷	缺棱掉角、棱角不直、翘曲不平、飞边凸肋等	清水混凝土构件有影响使用功能或装饰效果的外形缺陷	其他混凝土构件有不影响使用功能的外形缺陷
外表缺陷	构件表面麻面、掉皮、起砂、沾污等	具有重要装饰效果的清水混凝土构件有外表缺陷	其他混凝土构件有不影响使用功能的外表缺陷

外观质量的质量检验标准见表3-20。

表3-20　外观质量的质量检验标准

项	序	检查项目	质量要求	检查方法	检查数量
主控项目	1	外观质量严重缺陷	现浇结构的外观质量不应有严重缺陷 对已经出现的严重缺陷，应由施工单位提出技术处理方案，并经监理（建设）单位认可后进行处理。对经处理的部位，应重新检查验收	观察，检查技术处理方案	全数检查
一般项目	1	外观质量一般缺陷	现浇结构的外观质量不应有一般缺陷 对已经出现的一般缺陷，应由施工单位按技术处理方案进行处理，并重新检查验收	观察，检查技术处理方案	全数检查

位置和尺寸偏差质量检验标准见表3-21。

表3-21　位置和尺寸偏差质量检验标准

项	序	检查项目	质量要求	检查方法	检查数量
主控项目	1	过大尺寸偏差处理与验收	现浇结构不应有影响结构性能和使用功能的尺寸偏差；混凝土设备基础不应有影响结构性能和设备安装的尺寸偏差 对超过尺寸允许偏差要求且影响结构性能、设备安装、使用功能的结构部位，应由施工单位提出技术处理方案，并经设计单位及监理（建设）单位认可后进行处理。对经处理后的部位，应重新验收	量测，检查技术处理方案	全数检查
一般项目	1	允许偏差	现浇结构和混凝土设备基础拆模后的尺寸偏差应分别符合表3-22、表3-23的规定	见表3-22、表3-23	按楼层、结构缝或施工段划分检验批。在同一检验批内，对梁、柱和独立基础，应抽查构件数量的10%，且不少于3件；对墙和板，应按有代表性的自然间抽查10%，且不少于3间；对大空间结构，墙可按相邻轴线间高度5m左右划分检查面，板可按纵、横轴线划分检查面，抽查10%，且均不少于3面；对电梯井，应全数检查；对设备基础，应全数检查

表 3-22　现浇结构位置和尺寸允许偏差和检验方法

项　　目			允许偏差/mm	检 验 方 法
轴 线 位 置	整体基础		15	经纬仪及尺量
	独立基础		10	经纬仪及尺量
	柱、墙、梁		8	尺量
垂直度	柱、墙层高	≤6m	10	经纬仪或吊线、尺量
		>6m	12	经纬仪或吊线、尺量
	全高（H）≤300m		H/30000+20	经纬仪、尺量
	全高（H）>300m		H/10000 且≤80	经纬仪、尺量
标高	层高		±10	水准仪或拉线、尺量
	全高		±30	水准仪或拉线、尺量
截面尺寸	基础		+15，−10	尺量
	柱、梁、板、墙		+10，−5	尺量
	楼梯相邻踏步高差		6	尺量
电梯井	中心位置		10	尺量
	长、宽尺寸		+25，0	尺量
表面平整度			8	2m 靠尺和塞尺量测
预留件中心位置	预埋板		10	尺量
	预埋螺栓		5	尺量
	预埋管		5	尺量
	其他		10	尺量
预留洞、孔中心线位置			15	尺量

注：1. 检查柱轴线、中心线位置时，应沿纵、横两个方向量测，并取其中偏差的较大值。
2. H 为全高，单位为 mm。

表 3-23　混凝土设备基础位置和尺寸允许偏差和检验方法

项　　目		允许偏差/mm	检 验 方 法
轴线位置		20	经纬仪及尺量
不同平面标高		0，−20	水准仪或拉线、尺量
平面外形尺寸		±20	尺量
凸台上平面外形尺寸		0，−20	尺量
凹槽尺寸		+20，0	尺量
平面水平度	每米	5	水平尺、塞尺量测
	全长	10	水准仪或拉线、尺量
垂直度	每米	5	经纬仪或吊线、尺量
	全高	10	经纬仪或吊线、尺量

（续）

项　　目		允许偏差/mm	检验方法
预埋地脚螺栓	中心位置	2	尺量
	顶标高	+20，0	水准仪或拉线、尺量
	中心距	±2	尺量
	垂直度	5	吊线、尺量
预埋地脚螺栓孔	中心线位置	10	尺量
	截面尺寸	+20，0	尺量
	深度	+20，0	尺量
	垂直度	h/100 且≤10	吊线、尺量
预埋活动地脚螺栓锚板	中心线位置	5	尺量
	标高	+20，0	水准仪或拉线、尺量
	带槽锚板平整度	5	直尺、塞尺量测
	带螺纹孔锚板平整度	2	直尺、塞尺量测

注：1. 检查坐标、中心线位置时，应沿纵、横两个方向量测，并取其中偏差的较大值。
2. h 为预埋地脚螺栓孔孔深，单位为 mm。

五、装配式结构工程

装配式结构连接部位及叠合构件浇筑混凝土之前，应进行隐蔽工程验收，其内容应包括：

（1）混凝土粗糙面的质量，键槽的尺寸、数量、位置。

（2）钢筋的牌号、规格、数量、位置、间距，箍筋弯钩的弯折角度及平直段长度。

（3）钢筋的连接方式、接头位置、接头数量、接头面积百分率、搭接长度、锚固方式及锚固长度。

（4）预埋件、预留管线的规格、数量、位置。

预制构件的质量检验标准见表 3-24。

预制构件质量控制与检验

表 3-24　预制构件的质量检验标准

项	序	检查项目	质量要求	检查方法	检查数量
主控项目	1	质量	预制构件的质量应符合规范、标准和设计要求	检查质量证明文件和质量验收记录	全数检查
	2	进场时的结构性能	专业企业生产的预制构件进场时，预制构件结构性能检验应符合下列规定： （1）梁板类简支受弯预制构件进场时应进行结构性能检验 （2）对其他预制构件，除设计有专门要求外，进场时可不做结构性能检验 （3）对进场时不做结构性能检验的预制构件，应采取下列措施：①施工单位或监理单位代表应驻厂监督生产过程；②当无驻厂监督时，预制构件进场时应对其主要受力钢筋数量、规格、间距、保护层厚度及混凝土强度等进行实体检验	检查结构性能检验报告或实体检验报告	同一类型预制构件不超过 1000 个为一批，每批随机抽取 1 个

（续）

项	序	检查项目	质量要求	检查方法	检查数量
主控项目	3	外观严重缺陷	外观质量不应有严重缺陷，且不应有影响结构性能和安装、使用功能的尺寸偏差	观察、尺量；检查处理记录	全数检查
	4	预埋件与预留孔洞等	预制构件上的预埋件、预留插筋、预埋管线等的规格和数量以及预留孔、预留洞的数量应符合设计要求	观察	全数检查
一般项目	1	标识	预制构件应有标识	观察	全数检查
	2	外观一般缺陷	预制构件的外观质量不应有一般缺陷	观察，检查处理记录	全数检查
	3	尺寸偏差	预制构件尺寸偏差及检验方法应符合表3-25的规定；设计有专门规定时，尚应符合设计要求。施工过程中临时使用的预埋件，其中心线位置允许偏差可取表3-25中规定数值的2倍	见表3-25	同一类型构件，不超过100个为一批，每批应抽查构件数量的5%，且不应少于3个
	4	粗糙面与键槽	预制构件的粗糙面的质量及键槽的数量应符合设计要求	观察	全数检查

表3-25　预制构件尺寸允许偏差及检验方法

项目			允许偏差/mm	检验方法
长度	楼板、梁、柱、桁架	<12m	±5	尺量
		≥12m且<18m	±10	
		≥18m	±20	
	墙板		±4	
宽度、高（厚）度	楼板、梁、柱、桁架		±5	尺量一端及中部，取其中偏差绝对值较大处
	墙板		±4	
表面平整度	楼板、梁、柱、墙板内表面		5	2m靠尺和塞尺量测
	墙板外表面		3	
侧向弯曲	楼板、梁、柱		$L/750$且≤20	拉线、直尺量测最大侧向弯曲处
	墙板、桁架		$L/1000$且≤20	
翘曲	楼板		$L/750$	调平尺在两端量测
	墙板		$L/1000$	
对角线	楼板		10	尺量两个对角线
	墙板		5	
预留孔	中心线位置		5	尺量
	孔尺寸		±5	
预留洞	中心线位置		10	尺量
	洞口尺寸、深度		±10	

（续）

项目		允许偏差/mm	检验方法
预埋件	预埋板中心线位置	5	尺量
	预埋板与混凝土面平面高差	0，-5	
	预埋螺栓	2	
	预埋螺栓外露长度	+10，-5	
	预埋套筒、螺母中心线位置	2	
	预埋套筒、螺母与混凝土面平面高差	±5	
预留插筋	中心线位置	5	尺量
	外露长度	+10，-5	
键槽	中心线位置	5	尺量
	长度、宽度	±5	
	深度	±10	

注：1. L为构件长度，单位为mm。

2. 检查中心线、螺栓和孔道位置偏差时，沿纵、横两个方向量测，并取其中偏差较大值。

安装与连接的质量检验标准见表3-26。

安装与连接质量控制与检验

表3-26　安装与连接的质量检验标准

项	序	检查项目	质量要求	检查方法	检查数量
主控项目	1	临时固定	预制构件临时固定措施应符合施工方案的要求	观察	全数检查
	2	套筒灌浆连接质量	钢筋采用套筒灌浆连接时，灌浆应饱满、密实，其材料及连接质量应符合现行行业标准《钢筋套筒灌浆连接应用技术规程》JGJ 355的规定	检查质量证明文件及平行加工试件的检验报告	按现行行业标准《钢筋套筒灌浆连接应用技术规程》JGJ 355的规定确定
	3	焊接接头质量	钢筋采用焊接连接时，其焊接接头质量应符合现行行业标准《钢筋焊接及验收规程》JGJ 18的规定	检查质量证明文件及平行加工试件的检验报告	按现行行业标准《钢筋焊接及验收规程》JGJ 18的规定确定
	4	机械连接接头质量	钢筋采用机械连接时，其接头质量应符合现行行业标准《钢筋机械连接技术规程》JGJ 107的规定	检查质量证明文件、施工记录及平行加工试件的检验报告	按现行行业标准《钢筋机械连接技术规程》JGJ 107的规定确定
	5	材料性能及施工质量	预制构件采用焊接、螺栓连接等连接方式时，其材料性能及施工质量应符合现行国家标准《钢结构工程施工质量验收规范》GB 50205和《钢筋焊接及验收规程》JGJ 18的相关规定	检查施工记录及平行加工试件的检验报告	按现行国家标准《钢结构工程施工质量验收规范》GB 50205和《钢筋焊接及验收规程》JGJ 18的规定确定

（续）

项	序	检查项目	质量要求	检查方法	检查数量
主控项目	6	后浇混凝土强度	装配式结构采用现浇混凝土连接构件时，构件连接处后浇混凝土的强度应符合设计要求	检查混凝土强度试验报告	按表3-17确定
	7	严重缺陷与尺寸偏差	装配式结构施工后，其外观质量不应有严重缺陷，且不应有影响结构性能和安装、使用功能的尺寸偏差	观察，量测；检查处理记录	全数检查
一般项目	1	外观一般缺陷	装配式结构施工后，其外观质量不应有一般缺陷	观察，检查处理记录	全数检查
	2	位置和尺寸偏差	装配式结构施工后，预制构件位置、尺寸偏差及检验方法应符合设计要求；当设计无具体要求时，应符合表3-27的规定。预制构件与现浇结构连接部位的表面平整度应符合表3-27的规定	见表3-27	按楼层、结构缝或施工段划分检验批。在同一检验批内，对梁、柱和独立基础，应抽查构件数量的10%，且不少于3件；对墙和板，应按有代表性的自然间抽查10%，且不少于3间；对大空间结构，墙可按相邻轴线间高度5m左右划分检查面，板可按纵、横轴线划分检查面，抽查10%，且均不少于3面

表3-27　装配式结构构件位置和尺寸允许偏差及检验方法

项目			允许偏差/mm	检验方法
构件轴线位置	竖向构件（柱、墙板、桁架）		8	经纬仪及尺量
	水平构件（梁、楼板）		5	
标高	梁、柱、墙板、楼板底面或顶面		5	水准仪或拉线、尺量
构件垂直度	柱、墙板安装后的高度	≤6m	5	经纬仪或吊线、尺量
		>6m	10	
构件倾斜度	梁、桁架		5	经纬仪或吊线、尺量
相邻构件平整度	梁、楼板底面	外露	3	2m靠尺和塞尺量测
		不外露	5	
	柱、墙板	外露	5	
		不外露	8	
构件搁置长度	梁、板		±10	尺量
支座、支垫中心位置	板、梁、柱、墙板、桁架		10	尺量
墙板接缝宽度			±5	尺量

六、混凝土结构工程施工常见质量问题

1. 模板安装轴线位移

（1）现象：混凝土浇筑后拆除模板时，发现柱、墙实际位置与建筑物轴线位置有偏移。

（2）原因分析：

1）翻样不认真或技术交底不清，模板拼装时组合件未能按规定到位。

2）轴线测放产生误差。

3）墙、柱模板根部和顶部无限位措施或限位不牢，发生偏位后又未及时纠正，造成累积误差。

4）支模时，未拉水平、竖向通线，且无竖向垂直度控制措施。

5）模板刚度差，未设水平拉杆或水平拉杆间距过大。

6）混凝土浇筑时未均匀对称下料，或一次浇筑高度过高造成侧压力过大挤偏模板。

7）对拉螺栓、顶撑、木楔使用不当或松动造成轴线偏位。

（3）防治措施：

1）严格按 1/50～1/10 的比例将各分部、分项细部翻成详图并注明各部位编号、轴线位置、几何尺寸、剖面形状、预留孔洞、预埋件等，经复核无误后认真对生产班组及操作工人进行技术交底，作为模板制作、安装的依据。

2）模板轴线测放后，组织专人进行技术复核验收，确认无误后才能支模。

3）墙、柱模板根部和顶部必须设可靠的限位措施，如采用现浇楼板混凝土上预埋短钢筋固定钢支撑，以保证底部位置准确。

4）支模时要拉水平、竖向通线，并设竖向垂直度控制线，以保证模板水平、竖向位置准确。

5）根据混凝土结构特点，对模板进行专门设计，以保证模板及其支架具有足够强度、刚度及稳定性。

6）混凝土浇筑前，对模板轴线、支架、顶撑、螺栓进行认真检查、复核，发现问题及时进行处理。

7）混凝土浇筑时，要均匀对称下料，浇筑高度应严格控制在施工规范允许的范围内。

2. 模板安装标高偏差

（1）现象：测量时，发现混凝土结构层标高及预埋件、预留孔洞的标高与施工图设计标高之间有偏差。

（2）原因分析：

1）楼层标高控制点偏少，控制网无法闭合；竖向模板根部未找平。

2）模板顶部无标高标记，或未按标记施工。

3）高层建筑标高控制线转测次数过多，累计误差过大。

4）预埋件、预留孔洞未固定牢，施工时未重视施工方法。

5）楼梯踏步模板未考虑装修层厚度。

（3）防治措施：

1）每层楼设足够的标高控制点，竖向模板根部须做找平。

2）模板顶部设标高标记，严格按标记施工。

3）建筑楼层标高由首层±0.000标高控制，严禁逐层向上引测，以防止累计误差，当建筑高度超过30m时，应另设标高控制线，每层标高引测点应不少于2个，以便复核。

4）预埋件及预留孔洞，在安装前应与图纸对照，确认无误后准确固定在设计位置上，必要时用电焊或套框等方法将其固定，在浇筑混凝土时，应沿其周围分层均匀浇筑，严禁碰击和振动预埋件与模板。

5）楼梯踏步模板安装时应考虑装修层厚度。

3. 钢筋保护层过小

（1）现象：钢筋保护层不符合规定，露筋。

（2）原因分析：

1）混凝土保护层垫块间距太大或脱落。

2）钢筋绑扎骨架尺寸偏差大，局部接触模板。

3）混凝土浇筑时，钢筋受碰撞移位。

（3）防治措施：

1）混凝土保护层垫块要适量可靠。

2）钢筋绑扎时要控制好外形尺寸。

3）混凝土浇筑时，应避免钢筋受碰撞移位。混凝土浇筑前后应设专人检查修整。

4. 箍筋间距不一致

（1）现象：按图纸上标注的箍筋间距绑扎梁的钢筋骨架，最后发现末一个间距与其他间距不一致，或实际所用箍筋数量与钢筋材料表上的数量不符。

（2）原因分析：图纸上所注间距为近似值，按近似值绑扎间距和根数有出入。

（3）预防措施：根据构件配筋情况，预先算好箍筋实际分布间距，供绑扎钢筋骨架时作为依据。

（4）治理方法：如箍筋已绑扎成钢筋骨架，则根据具体情况，适当增加一根或两根箍筋。

5. 混凝土施工表面缺陷

（1）现象：蜂窝、麻面、孔洞。

（2）原因分析：

1）混凝土配合比不合理，碎石、水泥材料计量错误，或加水量不准，造成砂浆少碎石多。

2）模板未涂刷隔离剂或不均匀，模板表面粗糙并粘有干混凝土，浇筑混凝土前浇水湿润不够，或模板缝没有堵严，浇捣时，与模板接触部分的混凝土失水过多或滑浆，混凝土呈干硬状态，使混凝土表面形成许多小凹点。

3）混凝土振捣不密实，混凝土中的气泡未排出，一部分气泡停留在模板表面。

4）混凝土搅拌时间短，用水量不准确，混凝土的和易性差，浇筑后个别部位砂浆少石子多，形成蜂窝。

5）混凝土一次下料过多，浇筑没有分段、分层灌注；下料不当，没有振捣密实或下料与振捣配合不好，未充分振捣又下料，造成混凝土离析，形成蜂窝、麻面。

6）模板稳定性不足，振捣混凝土时模板移位，造成严重漏浆。

（3）防治措施：

1）模板表面应清理干净，不得粘有干硬水泥砂浆等杂物。

2）浇筑混凝土前，模板应浇水充分湿润，并清扫干净。

3）模板拼缝应严密，如有缝隙，应用油毡纸、塑料条、纤维板或腻子堵严。

4）模板隔离剂应选用长效的，涂刷要均匀，并防止漏刷。

5）混凝土应分层均匀振捣密实，严防漏振，每层混凝土均应振捣至排除气泡为止。

6）拆模不应过早。

6. 钢筋混凝土柱水平裂缝

（1）现象：混凝土柱表面出现形状接近直线，长短不一，互不连贯的裂缝，这种裂缝较浅，宽度一般在1mm以内，裂缝深度不超过20mm。

（2）原因分析：

1）混凝土浇筑后，表面没有及时覆盖养护，表面水分蒸发过快，变形较大，内部湿度变化较小，变形较小。较大的表面干缩变形受到混凝土内部约束，产生较大拉应力而产生裂缝。

2）混凝土级配中砂石含泥量大，降低了混凝土的抗拉强度。

（3）防治措施：

1）混凝土浇筑后及时覆盖，防止水分流失。

2）加强混凝土潮湿养护措施。

3）选用级配良好的砂石，同时严格控制砂石含泥量，使用符合规范要求的砂石料配置混凝土。

【综合案例】 某建设项目地处闹市区，场地狭小。工程总建筑面积30000m^2，其中地上建筑面积为25000m^2，地下室建筑面积为5000m^2，大楼分为裙房和主楼，其中主楼28层，裙房5层，地下2层，主楼高度84m，裙房高度24m，全现浇钢筋混凝土框架-剪力墙结构。基础形式为筏形基础，基坑深度15m，地下水位-8m，属于层间滞水。基坑东、北两面距离建筑围墙2m，西、南两面距离交通主干道9m。

事件一：施工总承包单位进场后，采购了110t Ⅱ级钢筋，钢筋出厂合格证明材料齐全，施工总承包单位将同一炉罐号的钢筋组批，在监理工程师见证下，取样复试。复试合格后，施工总承包单位在现场采用冷拉方法调直钢筋，冷拉率为3%，监理工程师责令施工总承包单位停止钢筋加工工作。

事件二：钢筋工程中，直径12mm以上受力钢筋，采用剥肋滚压直螺纹连接。

事件三：对模板工程可能造成质量问题的原因进行分析，针对原因制定了对策和措施进行预控，将分析模板工程的质量控制点设置为模板强度及稳定性、预埋件稳定性、模板位置尺寸、模板内部清理及湿润情况等。

事件四：部分混凝土出现蜂窝、麻面现象。

钢筋混凝土结构综合案例

问题：

1. 指出事件一中施工总承包单位做法的不妥之处，分别写出正确做法。

2. 事件二中钢筋方案的选择是否合理？为什么？

3. 事件三中对分析模板工程的质量控制点的设置是否妥当？质量控制点的设置应主要考虑哪些内容？

4. 治理混凝土蜂窝、麻面的主要措施有哪些？
5. 钢筋工程隐蔽验收的要点有哪些？
6. 试述单位工程质量验收的内容。

任务二　砌体结构工程质量控制与验收

砌体工程基本规定

一、基本规定

砌体结构是由块体和砂浆砌筑而成的墙、柱作为建筑物主要受力构件的结构。是砖砌体、砌块砌体和石砌体结构的统称。

砌体结构工程所用的材料应有产品合格证书、产品性能型式检验报告，质量应符合现行国家有关标准的要求。块材、水泥、钢筋、外加剂尚应有材料主要性能的进场复验报告，并应符合设计要求。严禁使用国家明令淘汰的材料。

砌体结构工程施工前，应编制砌体结构工程施工方案，标高、轴线，应引自基准控制点。砌筑基础前，应校核放线尺寸，允许偏差应符合表 3-28 的规定。

表 3-28　放线尺寸的允许偏差

长度 L、宽度 B/m	允许偏差/mm	长度 L、宽度 B/m	允许偏差/mm
L（或 B）$\leqslant 30$	±5	$60 < L$（或 B）$\leqslant 90$	±15
$30 < L$（或 B）$\leqslant 60$	±10	L（或 B）> 90	±20

基底标高不同时，应从低处砌起，并应由高处向低处搭砌。当设计无要求时，搭接长度不应小于基础底的高差，搭接长度范围内下层基础应扩大砌筑。砌体的转角处和交接处应同时砌筑。当不能同时砌筑时，应按规定留槎、接槎。

在墙上留置临时施工洞口，其侧边离交接处墙面不应小于 500mm，洞口净宽度不应超过 1m。抗震设防烈度为 9 度的地区建筑物的临时施工洞口位置，应会同设计单位确定。临时施工洞口应做好补砌。

不得在下列墙体或部位设置脚手眼：120mm 厚墙、清水墙、料石墙和附墙柱；过梁上与过梁呈 60°角的三角形范围及过梁净跨度 1/2 的高度范围内；宽度小于 1m 的窗间墙；门窗洞口两侧石砌体 300mm，其他砌体 200mm 范围内；转角处石砌体 600mm，其他砌体 450mm 范围内；梁或梁垫下及其左右 500mm 范围内；设计不允许设置脚手眼的部位；轻质墙体；夹心复合墙外叶墙。

尚未施工楼面或屋面的墙或柱，其抗风允许自由高度不得超过表 3-29 的规定。如超过表 3-29 中限值时，必须采用临时支撑等有效措施。

砌筑完基础或每一楼层后，应校核砌体的轴线和标高。在允许偏差范围内，轴线偏差可在基础顶面或楼面上校正，标高偏差宜通过调整上部砌体灰缝厚度校正。

砌体施工质量控制等级分为三级，并应按表 3-30 划分。

雨天不宜在露天砌筑墙体，对下雨当日砌筑的墙体应进行遮盖。继续施工时，应复核墙体的垂直度，如果垂直度超过允许偏差，应拆除重新砌筑。正常施工条件下，砖砌体、小砌块砌体每日砌筑高度宜控制在 1.5m 或一步脚手架高度内；石砌体不宜超过 1.2m。

表 3-29　墙和柱的允许自由高度　　（单位：m）

墙（柱）厚/mm	砌体密度>1600（kg/m^3）			砌体密度 1300~1600（kg/m^3）		
	风载/（kN/m^2）			风载/（kN/m^2）		
	0.3（约 7 级风）	0.4（约 8 级风）	0.5（约 9 级风）	0.3（约 7 级风）	0.4（约 8 级风）	0.5（约 9 级风）
190	—	—	—	1.4	1.1	0.7
240	2.8	2.1	1.4	2.2	1.7	1.1
370	5.2	3.9	2.6	4.2	3.2	2.1
490	8.6	6.5	4.3	7.0	5.2	3.5
620	14.0	10.5	7.0	11.4	8.6	5.7

注：1. 本表适用于施工处相对标高 H 在 10m 范围内的情况。如 10m<H≤15m，15m<H≤20m 时，表中的允许自由高度应分别乘以 0.9、0.8 的系数；如 H>20m 时，应通过抗倾覆验算确定其允许自由高度。

2. 当所砌筑的墙有横墙或其他结构与其连接，而且间距小于表中相应墙、柱的允许自由高度的 2 倍时，砌筑高度可不受本表的限制。

3. 当砌体密度小于 1300kg/m^3 时，墙和柱的允许自由高度应另行验算确定。

表 3-30　砌体施工质量控制等级

项　目	施工质量控制等级		
	A	B	C
现场质量管理	监督检查制度健全，并严格执行；施工方有在岗专业技术管理人员，人员齐全，并持证上岗	监督检查制度基本健全，并能执行；施工方有在岗专业技术管理人员，并持证上岗	有监督检查制度；施工方有在岗专业技术管理人员
砂浆、混凝土强度	试块按规定制作，强度满足验收规定，离散性小	试块按规定制作，强度满足验收规定，离散性较小	试块按规定制作，强度满足验收规定，离散性大
砂浆拌合	机械拌合；配合比计量控制严格	机械拌合；配合比计量控制一般	机械或人工拌合；配合比计量控制较差
砌筑工人	中级工以上，其中高级工不少于 30%	高、中级工不少于 70%	初级工以上

注：1. 砂浆、混凝土强度离散性大小根据强度标准差确定。

2. 配筋砌体不得为 C 级施工。

砌体结构工程检验批的划分应同时符合下列规定：

（1）所用材料类型及同类型材料的强度等级相同。

（2）不超过 250m^3 砌体。

（3）主体结构砌体一个楼层（基础砌体可按一个楼层计）；填充墙砌体量少时可多个楼层合并。

砌体工程检验批验收时，其主控项目应全部符合规范的规定；一般项目应有 80%及以上的抽检处符合规范的规定，有允许偏差的项目，最大超差值为允许偏差值的 1.5 倍。检验批抽检时，各抽检项目的样本最小容量除有特殊要求外，按不应小于 5 确定。

二、砌筑砂浆

砌筑砂浆质量控制与检验

水泥进场时应对其品种、等级、包装或散装仓号、出厂日期等进行检查，并应对其强度、安定性进行复验，其质量必须符合现行国家标准《通用硅酸盐水泥》GB 175 的有关规定。当在使用中对水泥质量有怀疑或水泥出厂超过三个月（快硬硅酸盐水泥超过一个月）时，应复查试验，并按复验结果使用。不同品种的水泥，不得混合使用。水泥抽检数量按同一生产厂家、同品种、同等级、同批号连续进场的水泥，袋装水泥不超过 200t 为一批，散装水泥不超过 500t 为一批，每批抽样不少于一次。检验方法为检查产品合格证、出厂检验报告和进场复验报告。

配置水泥石灰砂浆时，不得采用脱水硬化的石灰膏。建筑生石灰、建筑生石灰粉熟化为石灰膏，其熟化时间分别不得少于 7d 和 2d。石灰膏的用量，应按稠度 120mm±5mm 计量，现场施工中石灰膏不同稠度的换算系数，可按表 3-31 确定。

表 3-31　石灰膏不同稠度的换算系数

稠度/mm	120	110	100	90	80	70	60	50	40	30
换算系数	1.00	0.99	0.97	0.95	0.93	0.92	0.90	0.88	0.87	0.86

砌筑砂浆应进行配合比设计。当砌筑砂浆的组成材料有变更时，其配合比应重新确定。砌筑砂浆的稠度宜按表 3-32 的规定采用。

表 3-32　砌筑砂浆的稠度

砌体种类	砂浆稠度/mm
烧结普通砖砌体 蒸压粉煤灰砖砌体	70~90
混凝土实心砖、混凝土多孔砖砌体 普通混凝土小型空心砌块砌体 蒸压灰砂砖砌体	50~70
烧结多孔砖、空心砖砌体 轻骨料小型空心砌块砌体 蒸压加气混凝土砌块砌体	60~80
石砌体	30~50

注：1. 采用薄灰砌筑法砌筑蒸压加气混凝土砌块砌体时，加气混凝土粘结砂浆的加水量按照其产品说明书控制。
2. 当砌筑其他块体时，其砌筑砂浆的稠度可根据块体吸水特性及气候条件确定。

施工中不应采用强度等级小于 M5 水泥砂浆替代同强度等级水泥混合砂浆，如需替代，应将水泥砂浆提高一个强度等级。在砂浆中掺入的砌筑砂浆增塑剂、早强剂、缓凝剂、防冻剂、防水剂等砂浆外加剂，其品种和用量应经有资质的检测单位检验和试配确定。有机塑化剂应有砌体强度的型式检验报告。配置砌筑砂浆时，各组分材料应采用质量计量，水泥及各种外加剂配料的允许偏差为±2%；砂、粉煤灰、石灰膏等配料的允许偏差为±5%。

砌筑砂浆应采用机械搅拌，搅拌时间自投料完起算应符合下列规定：

（1）水泥砂浆和水泥混合砂浆不得少于 2min。

（2）水泥粉煤灰砂浆和掺用外加剂的砂浆不得少于 3min。

（3）掺增塑剂的砂浆，应为 3~5min。

现场拌制的砂浆应随拌随用，拌制的砂浆应在 3h 内使用完毕；当施工期间最高气温超过 30℃时，应在 2h 内使用完毕。预拌砂浆及蒸压加气混凝土砌块专用砂浆的使用时间应按照厂方提供的说明书确定。

砌体结构工程使用的湿拌砂浆，除直接使用外必须储存在不吸水的专用容器内，并根据气候条件采取遮阳、保温、防雨雪等措施，砂浆在储存过程中严禁随意加水。

砌筑砂浆试块强度验收时其强度合格标准应符合下列规定：

（1）同一验收批砂浆试块抗压强度平均值应大于或等于设计强度等级值的 1.10 倍。

（2）同一验收批砂浆试块抗压强度的最小一组平均值应大于或等于设计强度等级值的 85%。

注：①砌筑砂浆的验收批，同一类型、强度等级的砂浆试块应不少于 3 组；同一验收批只有 1 组或 2 组试块时，每组试块抗压强度平均值应大于或等于设计强度等级值的 1.10 倍；对于建筑结构的安全等级为一级或设计使用年限为 50 年及以上的房屋，同一验收批砂浆试块的数量不得少于 3 组；②砂浆强度应以标准养护，28d 龄期的试块抗压试验结果为准；③制作砂浆试块的砂浆稠度应与配合比设计一致。

抽检数量为每一检验批且不超过 250m^3 砌体的各类、各强度等级的普通砌筑砂浆，每台搅拌机应至少抽检一次。验收批的预拌砂浆、蒸压加气混凝土砌块专用砂浆，抽检可为 3 组。

检验方法为在砂浆搅拌机出料口或在湿拌砂浆的储存容器出料口随机取样制作砂浆试块（现场拌制的砂浆，同盘砂浆只应制作 1 组试块），试块标准养护 28d 后作强度试验。预拌砂浆中的湿拌砂浆稠度应在进场时取样检验。

当施工中或验收时出现下列情况，可采用现场检验方法对砂浆和砌体强度进行实体检测，并判定其强度：

（1）砂浆试块缺乏代表性或试块数量不足。

（2）对砂浆试块的试验结果有怀疑或有争议。

（3）砂浆试块的试验结果，不能满足设计要求。

（4）发生工程事故，需要进一步分析事故原因。

三、砖砌体工程

砖砌体工程质量控制与检验

砌体砌筑时，混凝土多孔砖、混凝土实心砖、蒸压灰砂砖、蒸压粉煤灰砖等块体的产品龄期不应小于 28d。有冻胀环境和条件的地区，地面以下或防潮层以下的砌体，不应采用多孔砖。不同品种的砖不得在同一楼层混砌。

砌筑烧结普通砖、烧结多孔砖、蒸压灰砂砖、蒸压粉煤灰砖砌体时，砖应提前 1~2d 适度湿润，严禁采用干砖或处于吸水饱和状态的砖砌筑，块体湿润程度宜符合下列规定：

（1）烧结类块体的相对含水率为 60%~70%。

（2）混凝土多孔砖及混凝土实心砖不需浇水湿润，但在气候干燥炎热的情况下，宜在砌筑前对其喷水湿润。其他非烧结类块体的相对含水率为 40%~50%。

采用铺浆法砌筑砌体，铺浆长度不得超过 750mm；当施工期间气温超过 30℃时，铺浆长度不得超过 500mm。240mm 厚承重墙的每层墙的最上一皮砖，砖砌体的阶台水平面上及挑出层的外皮砖，应整砖丁砌。弧拱式及平拱式过梁的灰缝应砌成楔形缝，拱底灰缝宽度不

宜小于5mm，拱顶灰缝宽度不应大于15mm，拱体的纵向及横向灰缝应填实砂浆；平拱式过梁拱脚下面应伸入墙内不小于20mm；砖砌平拱过梁底应有1%的起拱。

砖过梁底部的模板及其支架拆除时，灰缝砂浆强度不应低于设计强度的75%。多孔砖的孔洞应垂直于受压面砌筑。半盲孔多孔砖的封底面应朝上砌筑。竖向灰缝不应出现瞎缝、透明缝和假缝。砖砌体施工临时间断处补砌时，必须将接槎处表面清理干净，洒水湿润，并填实砂浆，保持灰缝平直。

砖砌体工程的质量检验标准见表3-33。

表3-33　砖砌体工程的质量检验标准

项	序	检查项目	质量要求	检查方法	检查数量
主控项目	1	砖和砂浆的强度等级	必须符合设计要求	检查砖和砂浆试块试验报告	每一生产厂家，烧结普通砖、混凝土实心砖每15万块，烧结多孔砖、混凝土多孔砖、蒸压灰砂砖及蒸压粉煤灰砖每10万块各为一验收批，不足上述数量时按1批计，抽检数量为1组。砂浆试块的抽检数量按砌筑砂浆“检验批施工质量验收”执行
	2	灰缝砂浆饱满度	砌体灰缝砂浆应密实饱满，砖墙水平灰缝的砂浆饱满度不得低于80%；砖柱水平灰缝和竖向灰缝的砂浆饱满度不得低于90%	用百格网检查砖底面与砂浆的粘结痕迹面积，每处检测3块砖，取其平均值	每检验批抽查不应少于5处
	3	留槎要求	砖砌体的转角处和交接处应同时砌筑，严禁无可靠措施的内外墙分砌施工。在抗震设防烈度为8度及8度以上地区，对不能同时砌筑而又必须留置的临时间断处应砌成斜槎，普通砖砌体斜槎水平投影长度不应小于高度的2/3，多孔砖砌体的斜槎长高比不应小于1/2。斜槎高度不得超过一步脚手架的高度	观察检查	
	4	拉结筋的设置	非抗震设防及抗震设防烈度为6度、7度地区的临时间断处，当不能留斜槎时，除转角处外，可留直槎，但直槎必须做成凸槎，且应加设拉结筋，拉结筋应符合下列规定： （1）每120mm墙厚放置$1\phi6$拉结筋（240mm厚墙放置$2\phi6$拉结筋） （2）间距沿墙高不应超过500mm，且竖向间距偏差不应超过100mm （3）埋入长度从留槎处算起每边均不应小于500mm，对抗震设防烈度6度、7度的地区，不应小于1000mm （4）末端应有90°弯钩	观察和尺量检查	

（续）

<table>
<tr><th>项</th><th>序</th><th>检查项目</th><th>质量要求</th><th>检查方法</th><th>检查数量</th></tr>
<tr><td rowspan="3">一般项目</td><td>1</td><td>组砌方法</td><td>砖砌体组砌方法应正确，内外搭砌，上、下错缝。清水墙、窗间墙无通缝；混水墙中不得有长度大于 300mm 的通缝，长度 200~300mm 的通缝每间不超过 3 处，且不得位于同一面墙体上。砖柱不得采用包心砌法</td><td>观察检查。砌体组砌方法抽检每处应为 3~5m</td><td rowspan="2">每检验批抽查不应少于 5 处</td></tr>
<tr><td>2</td><td>灰缝质量要求</td><td>砖砌体的灰缝应横平竖直，厚薄均匀，水平灰缝厚度及竖向灰缝宽度宜为 10mm，但不应小于 8mm，也不应大于 12mm</td><td>水平灰缝厚度用尺量 10 皮砖砌体高度折算；竖向灰缝宽度用尺量 2m 砌体长度折算</td></tr>
<tr><td>3</td><td>砖砌体尺寸、位置</td><td>允许偏差见表 3-34</td><td>见表 3-34</td><td>见表 3-34</td></tr>
</table>

表 3-34　砖砌体尺寸、位置的允许偏差及检验方法

<table>
<tr><th>项次</th><th colspan="3">项　目</th><th>允许偏差/mm</th><th>检验方法</th><th>抽检数量</th></tr>
<tr><td>1</td><td colspan="3">轴线位移</td><td>10</td><td>用经纬仪和尺或用其他测量仪器检查</td><td>承重墙、柱全数检查</td></tr>
<tr><td>2</td><td colspan="3">基础、墙、柱顶面标高</td><td>±15</td><td>用水准仪和尺检查</td><td rowspan="2">不应少于 5 处</td></tr>
<tr><td rowspan="3">3</td><td rowspan="3">墙面垂直度</td><td colspan="2">每层</td><td>5</td><td>用 2m 拖线板检查</td></tr>
<tr><td rowspan="2">全高</td><td>≤10m</td><td>10</td><td rowspan="2">用经纬仪、吊线和尺或用其他测量仪器检查</td><td rowspan="2">外墙全部阳角</td></tr>
<tr><td>>10m</td><td>20</td></tr>
<tr><td rowspan="2">4</td><td rowspan="2" colspan="2">表面平整度</td><td>清水墙、柱</td><td>5</td><td rowspan="2">用 2m 靠尺和楔形塞尺检查</td><td rowspan="8">不应少于 5 处</td></tr>
<tr><td>混水墙、柱</td><td>8</td></tr>
<tr><td rowspan="2">5</td><td rowspan="2" colspan="2">水平灰缝平直度</td><td>清水墙</td><td>7</td><td rowspan="2">拉 5m 线和尺检查</td></tr>
<tr><td>混水墙</td><td>10</td></tr>
<tr><td>6</td><td colspan="3">门窗洞口高、宽（后塞口）</td><td>±10</td><td>用尺检查</td></tr>
<tr><td>7</td><td colspan="3">外墙上下窗口偏移</td><td>20</td><td>以底层窗口为准，用经纬仪或吊线检查</td></tr>
<tr><td>8</td><td colspan="3">清水墙游丁走缝</td><td>20</td><td>以每层第一皮砖为准，用吊线和尺检查</td></tr>
</table>

四、混凝土小型空心砌块砌体工程

施工前，应按房屋设计图编绘小砌块平、立面排块图，施工中应按排块图施工。施工采用的小砌块的产品龄期不应小于 28d。砌筑小砌块时，应清除表面污物，剔除外观质量不合

混凝土小型空心砌块砌体工程质量控制与检验

格的小砌块，宜选用专用的小砌块砌筑砂浆。

底层室内地面以下或防潮层以下的砌体，应采用强度等级不低于C20（或Cb20）的混凝土灌实小砌块的孔洞。砌筑普通混凝土小型空心砌块砌体，不需对小砌块浇水湿润，如遇天气干燥炎热，宜在砌筑前对其喷水湿润；对轻骨料混凝土小砌块，应提前浇水湿润，块体的相对含水率宜为40%~50%。雨天及小砌块表面有浮水时，不得施工。承重墙体使用的小砌块应完整、无破损、无裂缝。

小砌块墙体应孔对孔、肋对肋错缝搭砌。单排孔小砌块的搭接长度应为块体长度的1/2；多排孔小砌块的搭接长度可适当调整，但不宜小于小砌块长度的1/3，且不应小于90mm。墙体的个别部位不能满足上述要求时，应在灰缝中设置拉结筋或钢筋网片，但竖向通缝仍不得超过两皮小砌块。

小砌块应将生产时的底面朝上反砌于墙上，宜逐块坐（铺）浆砌筑。在散热器、厨房和卫生间等设备的卡具安装处砌筑的小砌块，宜在施工前用强度等级不低于C20（或Cb20）的混凝土将其空洞灌实。每步架墙（柱）砌筑完后，应随即刮平墙体灰缝。

混凝土小型空心砌块砌体工程的质量检验标准见表3-35。

表3-35　混凝土小型空心砌块砌体工程的质量检验标准

项	序	检查项目	质量要求	检查方法	检查数量
主控项目	1	小砌块和砂浆的强度等级	必须符合设计要求	检查小砌块和砂浆试块试验报告	每一生产厂家，每1万块小砌块至少应抽检一组。用于多层以上建筑基础和底层的小砌块抽检数量不应少于2组。砂浆试块的抽检数量按砌筑砂浆“检验批施工质量验收”执行
	2	灰缝砂浆饱满度	砌体水平灰缝和竖向灰缝的砂浆饱满度，按净面积计算不得低于90%	用专用百格网检测小砌块与砂浆粘结痕迹，每处检测3块小砌块，取其平均值	每检验批抽查不应少于5处
	3	留槎要求	墙体转角处和纵横交接处应同时砌筑。临时间断处应砌成斜槎，斜槎水平投影长度不应小于斜槎高度，施工洞口可预留直槎，但在洞口砌筑和补砌时，应在直槎上下搭砌的小砌块孔洞内用强度等级不低于C20（或Cb20）的混凝土灌实	观察检查	
	4	芯柱	小砌块砌体的芯柱在楼盖处应贯通，不得削弱芯柱截面尺寸；芯柱混凝土不得漏灌		
一般项目	1	灰缝厚度与宽度	砌体的水平灰缝厚度和竖向灰缝宽度宜为10mm，但不应小于8mm，也不应大于12mm	水平灰缝厚度用尺量5皮小砌块的高度折算；竖向灰缝宽度用尺量2m砌体长度折算	
	2	墙体一般尺寸允许偏差	允许偏差见表3-34	见表3-34	见表3-34

五、石砌体工程

石砌体工程质量控制与检验

石砌体采用的石材应质地坚实，无裂纹和无明显风化剥落；用于清水墙、柱表面的石材，尚应色泽均匀；石材的放射性应经检验，其安全性应符合现行国家标准《建筑材料放射性核素限量》GB 6566 的有关规定。

石材表面的泥垢、水锈等杂质，砌筑前应清除干净。砌筑毛石基础的第一皮石块应坐浆，并将大面向下；砌筑料石基础的第一皮石块应用丁砌层坐浆砌筑。毛石砌体的第一皮及转角处、交接处和洞口处，应用较大的平毛石砌筑。每个楼层（包括基础）砌体的最上一皮，宜选用较大的毛石砌筑。毛石砌筑时，对石块间存在较大的缝隙，应先向缝内填灌砂浆并捣实，然后再用小石块嵌填，不得先填小石块后填灌砂浆，石块间不得出现无砂浆相互接触现象。

砌筑毛石挡土墙应按分层高度砌筑，并应符合下列规定：

（1）每砌 3~4 皮为一个分层高度，每个分层高度应将顶层石块砌平。

（2）两个分层高度间分层处的错缝不得小于 80mm。

料石挡土墙，当中间部分用毛石砌筑时，丁砌料石伸入毛石部分的长度不应小于 200mm。毛石、毛料石、粗料石、细料石砌体灰缝厚度应均匀，灰缝厚度应符合下列规定：

（1）毛石砌体外露面的灰缝厚度不宜大于 40mm。

（2）毛料石和粗料石的灰缝厚度不宜大于 20mm。

（3）细料石的灰缝厚度不宜大于 5mm。

挡土墙的泄水孔当设计无规定时，施工应符合下列规定：

（1）泄水孔应均匀设置，在每米高度上间隔 2m 左右设置一个泄水孔。

（2）泄水孔与土体间铺设长宽各为 300mm、厚 200mm 的卵石或碎石作疏水层。

挡土墙内侧回填土必须分层夯填，分层松土厚度宜为 300mm。墙顶土面应有适当坡度使流水流向挡土墙外侧面。

在毛石和实心砖的组合墙中，毛石砌体与砖砌体应同时砌筑，并每隔 4~6 皮砖用 2~3 皮丁砖与毛石砌体拉结砌合；两种砌体间的空隙应填实砂浆。毛石墙和砖墙相接的转角处和交接处应同时砌筑。转角处、交接处应自纵墙（或横墙）每隔 4~6 皮砖高度引出不小于 120mm 与横墙（或纵墙）相接。

石砌体工程的质量检验标准见表 3-36。

表 3-36　石砌体工程的质量检验标准

项	序	检查项目	质量要求	检查方法	检查数量
主控项目	1	石材和砂浆的强度等级	必须符合设计要求	料石检查产品质量证明书，石材、砂浆检查试块试验报告	同一产地的同类石材抽检不应少于 1 组。砂浆试块的抽检数量按砌筑砂浆“检验批施工质量验收”执行
	2	灰缝砂浆饱满度	砌体灰缝的砂浆饱满度不应小于 80%	观察检查	每检验批抽查不应少于 5 处

（续）

项	序	检查项目	质量要求	检查方法	检查数量
一般项目	1	石砌体尺寸、位置	应符合表3-37的规定	见表3-37	每检验批抽查不应少于5处
	2	组砌形式	应符合下列规定： （1）内外搭砌，上下错缝，拉结石、丁砌石交错设置 （2）毛石墙拉结石每0.7m² 墙面不应少于1块	观察检查	每检验批抽查不应少于5处

表3-37　石砌体尺寸、位置的允许偏差及检验方法

项次	项目		允许偏差/mm							检验方法
			毛石砌体		料石砌体					
					毛料石		粗料石		细料石	
			基础	墙	基础	墙	基础	墙	墙、柱	
1	轴线位置		20	15	20	15	15	10	10	用经纬仪和尺检查，或用其他测量仪器检查
2	基础和墙砌体顶面标高		±25	±15	±25	±15	±15	±15	±10	用水准仪和尺检查
3	砌体厚度		+30	+20 −10	+30	+20 −10	+15	+10 −5	+10 −5	用尺检查
4	墙面垂直度	每层	—	20	—	20	—	10	7	用经纬仪、吊线和尺检查，或用其他测量仪器检查
		全高	—	30	—	30	—	25	10	
5	表面平整度	清水墙、柱	—	—	—	20	—	10	5	细料石用2m靠尺和楔形塞尺检查，其他用两直尺垂直于灰缝拉2m线和尺检查
		混水墙、柱	—	—	—	20	—	15	—	
6	清水墙水平灰缝平直度		—	—	—	—	—	10	5	拉10m线和尺检查

六、填充墙砌体工程

填充墙砌体工程质量控制与检验

砌筑填充墙时，轻骨料混凝土小型空心砌块和蒸压加气混凝土砌块的产品龄期不应小于28d，蒸压加气混凝土砌块的含水率宜小于30%。烧结空心砖、蒸压加气混凝土砌块、轻骨料混凝土小型空心砌块等的运输、装卸过程中，严禁抛掷和倾倒；进场后应按品种、规格分别堆放整齐，堆置高度不宜超过2m。蒸压加气混凝土砌块在运输及堆放中应防止雨淋。

吸水率较小的轻骨料混凝土小型空心砌块及采用薄灰砌筑法施工的蒸压加气混凝土砌块，砌筑前不应对其浇（喷）水湿润；在气候干燥炎热的情况下，对吸水率较小的轻骨料

混凝土小型空心砌块宜在砌筑前喷水湿润。采用普通砌筑砂浆砌筑填充墙时，烧结空心砖、吸水率较大的轻骨料混凝土小型空心砌块应提前1~2d浇（喷）水湿润。蒸压加气混凝土砌块采用蒸压加气混凝土砌块砌筑砂浆或普通砌筑砂浆砌筑时，应在砌筑当天对砌块砌筑面喷水湿润。块体湿润程度宜符合下列规定：

（1）烧结空心砖的相对含水率为60%~70%。

（2）吸水率较大的轻骨料混凝土小型空心砌块、蒸压加气混凝土砌块的相对含水率为40%~50%。

在厨房、卫生间、浴室等处采用轻骨料混凝土小型空心砌块、蒸压加气混凝土砌块砌筑墙体时，墙底部宜现浇混凝土坎台，其高度宜为150mm。

填充墙其他砌筑，应待承重主体结构检验批验收合格后进行。填充墙与承重主体结构间的空（缝）隙部位施工，应在填充墙砌筑14d后进行。

填充墙砌体工程的质量检验标准见表3-38。

表3-38 填充墙砌体工程的质量检验标准

项	序	检查项目	质量要求	检查方法	检查数量
主控项目	1	烧结空心砖、小砌块和砌筑砂浆的强度等级	应符合设计要求	检查烧结空心砖、小砌块进场复验报告和砂浆试块试验报告	烧结空心砖每10万块为一验收批，小砌块每1万块为一验收批，不足上述数量时按一批计，抽检数量为1组。砂浆试块的抽检数量按砌筑砂浆“检验批施工质量验收”执行
	2	连接构造	填充墙砌体应与主体结构可靠连接，其连接构造应符合设计要求，未经设计同意，不得随意改变连接构造方法。每一填充墙与柱的拉结筋的位置超过一皮块体高度的数量不得多于一处	观察检查	每检验批抽查不应少于5处
	3	连接钢筋	填充墙与承重墙、柱、梁的连接钢筋，当采用化学植筋的连接方式时，应进行实体检测。锚固钢筋拉拔试验的轴向受拉非破坏承载力检验值应为6.0kN。抽检钢筋在检验值作用下应基材无裂缝、钢筋无滑移宏观裂损现象；持荷2min期间荷载值降低不大于5%	原位试验检查	按表3-39确定
一般项目	1	填充墙砌体尺寸、位置的允许偏差	填充墙砌体尺寸、位置的允许偏差及检验方法应符合表3-40的规定	见表3-40	每检验批抽查不应少于5处
	2	砂浆饱满度	填充墙砌体的砂浆饱满度及检验方法应符合表3-41的规定	见表3-41	
	3	拉结筋或网片位置	填充墙留置的拉结筋或网片的位置应与块体皮数相符合。拉结筋或网片应置于灰缝中，埋置长度应符合设计要求，竖向位置偏差不应超过一皮高度	观察和用尺检查	

（续）

项	序	检查项目	质量要求	检查方法	检查数量
一般项目	4	错缝搭砌	砌筑填充墙时应错缝搭砌，蒸压加气混凝土砌块搭砌长度不应小于砌块长度的1/3；轻骨料混凝土小型空心砌块搭砌长度不应小于90mm；竖向通缝不应大于2皮	观察检查	每检验批抽查不应少于5处
	5	灰缝厚度与宽度	填充墙的水平灰缝厚度和竖向灰缝宽度应正确，烧结空心砖、轻骨料混凝土小型空心砌块砌体的灰缝应为8~12mm；蒸压加气混凝土砌块砌体当采用水泥砂浆、水泥混合砂浆或蒸压加气混凝土砌块砌筑砂浆时，水平灰缝厚度和竖向灰缝宽度不应超过15mm；当蒸压加气混凝土砌块砌体采用蒸压加气混凝土砌块粘结砂浆时，水平灰缝厚度和竖向灰缝宽度宜为3~4mm	水平灰缝厚度用尺量5皮小砌块的高度折算；竖向灰缝宽度用尺量2m砌体长度折算	

表3-39　检验批抽检锚固钢筋样本最小容量

检验批的容量	样本最小容量	检验批的容量	样本最小容量
≤90	5	281~500	20
91~150	8	501~1200	32
151~280	13	1201~3200	50

表3-40　填充墙砌体尺寸、位置的允许偏差及检验方法

项次	项目		允许偏差/mm	检验方法
1	轴线位移		10	用尺检查
2	垂直度（每层）	≤3m	5	用2m拖线板或吊线、尺检查
		>3m	10	
3	表面平整度		8	用2m靠尺和楔形尺检查
4	门窗洞口高、宽（后塞口）		±10	用尺检查
5	外墙上、下窗口偏移		20	用经纬仪或吊线检查

表3-41　填充墙砌体的砂浆饱满度及检验方法

砌体分类	灰缝	饱满度及要求	检验方法
空心砖砌体	水平	≥80%	采用百格网检查块体底面或侧面砂浆的粘结痕迹面积
	垂直	填满砂浆、不得有透明缝、瞎缝、假缝	
蒸压加气混凝土砌块、轻骨料混凝土小型空心砌块砌体	水平	≥80%	
	垂直		

七、冬期施工

冬期施工质量控制与检验

当室外日平均气温连续5d稳定低于5℃时，砌体工程应采取冬期施工措施，并应有完整的冬期施工方案。

冬期施工所用材料应符合下列规定：

（1）石灰膏、电石膏等应防止受冻，如遭冻结，应经融化后使用。

（2）拌制砂浆用砂，不得含有冰块和大于10mm的冻结块。

（3）砌体用块体不得遭水浸冻。

冬期施工砂浆试块的留置，除应按常温规定要求外，尚应增加1组与砌体同条件养护的试块，用于检验转入常温28d的强度。如有特殊需要，可另外增加相应龄期的同条件养护的试块。

地基土有冻胀性时，应在未冻的地基上砌筑，并应防止在施工期间和回填土前地基受冻。

冬期施工中砖、小砌块浇（喷）水湿润应符合下列规定：

（1）烧结普通砖、烧结多孔砖、蒸压灰砂砖、蒸压粉煤灰砖、烧结空心砖、吸水率较大的轻骨料混凝土小型空心砌块，在气温高于0℃条件下砌筑时，应浇水湿润；在气温低于、等于0℃条件下砌筑时，可不浇水，但必须增大砂浆稠度。

（2）普通混凝土小型空心砌块、混凝土多孔砖、混凝土实心砖及采用薄灰砌筑法的蒸压加气混凝土砌块施工时，不应对其浇（喷）水湿润。

（3）抗震设防烈度为9度的建筑物，当烧结普通砖、烧结多孔砖、蒸压粉煤灰砖、烧结空心砖无法浇水湿润时，如无特殊措施，不得砌筑。

拌合砂浆时水的温度不得超过80℃，砂的温度不得超过40℃。

采用砂浆掺外加剂法、暖棚法施工时，砂浆使用温度不应低于5℃。

采用暖棚法施工，块体在砌筑时的温度不应低于5℃，距离所砌的结构底面0．5m处的棚内温度也不应低于5℃。

在暖棚内的砌体养护时间，应根据暖棚内温度，按表3-42确定。

表3-42　暖棚法砌体的养护时间

暖棚的温度/℃	5	10	15	20
养护时间/d	≥6	≥5	≥4	≥3

采用外加剂法配制的砌筑砂浆，当设计无要求，且最低气温等于或低于-15℃时，砂浆强度等级应较常温施工提高一级。

配筋砌体不得采用掺氯盐的砂浆施工。

八、砌体结构工程施工常见质量问题

1. 砂浆强度不稳定

（1）现象：多数砂浆强度较低，影响砌体强度和质量。

（2）原因分析：

1）无配合比或配合比不准确。

2）计量不准。

3）拌制工艺随意。

（3）预防措施：

1）砂浆配合比的确定，应结合现场材质情况进行试配，试配时应采用重量比，在满足砂浆和易性的条件下，控制砂浆强度。

2）建立施工计量器具校验、维修、保管制度，以保证计量的准确性。

3）正确选择砂浆搅拌加料顺序。

4）试块的制作、养护和抗压强度取值，应按《建筑砂浆基本性能试验方法》（JGJ 70—2009）的规定执行。

（4）治理方法：

1）如发现搅拌砂浆无配合比或不计量时，必须立即停机纠正后再搅拌。

2）如有强度低的砂浆已用于砌墙，必须拆除后换合格砂浆重新砌筑。

2. 砖缝砂浆不饱满

（1）现象：砖层水平灰缝砂浆饱满度低于80%（规范规定）；竖缝内无砂浆（瞎缝或透明缝）。

（2）原因分析：

1）砂浆和易性差。

2）干砖上墙。

3）砌筑方法不当。

（3）防治措施：

1）改善砂浆和易性是确保灰缝砂浆饱满度和提高粘结强度的关键。

2）改进砌筑方法。不宜采取铺浆法或摆砖砌筑，应推广“三一砌砖法”。

3）当采用铺浆法砌筑时，必须控制铺浆的长度，一般气温情况下不得超过750mm，当施工期间气温超过30℃时，不得超过500mm。

4）严禁用干砖砌墙。砌筑前1~2d应将砖浇湿，使砌筑时烧结普通砖和多孔砖的含水率达到10%~15%；灰砂砖和粉煤灰砖的含水率达到8%~12%。

5）冬期施工时，在正温度条件下也应将砖面适当湿润后再砌筑。负温度下施工无法浇砖时，应适当增大砂浆的稠度。对于9度抗震设防地区，在严冬无法浇砖情况下，不能进行砌筑。

3. 大梁处填充墙裂缝

（1）现象：大梁底部的墙体（窗间墙），产生局部裂缝。

（2）原因分析：

1）未设置梁垫或梁垫面积不足，导致砖墙局部承受荷载过大。

2）砖和砂浆强度等级偏低、施工质量差。

（3）防治措施：

1）有大梁集中荷载作用的窗间墙，应有一定的宽度（或加垛）。

2）梁下应设置足够面积的现浇混凝土梁垫，当大梁荷载较大时，墙体尚应考虑横向配筋。

3）对宽度较小的窗间墙，施工中应避免留脚手眼。

4）有些墙体裂缝具有地区性特点，应会同设计与施工单位，结合本地区气候、环境和结构形式、施工方法等，进行综合调查分析，然后采取措施，加以解决。

【例题】 某办公楼工程，建筑面积为 $23723m^2$，框架剪力墙结构，地下 1 层，地上 12 层，首层高 4.8m，标准层高 3.6m。顶层房间为轻钢龙骨纸面石膏板吊顶，工程结构施工采用外双排落地脚手架。工程于 2008 年 6 月 15 日开工，计划竣工日期为 2010 年 5 月 1 日。

事件一：2009 年 5 月 20 日 7 时 30 分左右，因通道和楼层自然采光不足，瓦工陈某不慎从 9 层未设门槛的管道井坠落至地下一层混凝土底板上，当场死亡。

事件二：在检查第 5、6 层填充墙砌体时，发现梁底位置都出现水平裂缝。

问题：

1. 本工程结构施工脚手架是否需要编制专项施工方案？说明理由。
2. 脚手架专项施工方案的内容应有哪些？
3. 事件一中，分析导致这起事故发生的主要原因是什么？
4. 对落地的竖向洞口应采用哪些方式加以防护？
5. 分析事件二中，第 5、6 层填充墙砌体出现梁底水平裂缝的原因，并提出预防措施。

例题答案

本章小结

本章主要介绍了混凝土结构工程质量控制与验收、砌体结构工程质量控制与验收二大部分内容。

混凝土结构工程质量控制与验收包括模板工程质量控制与验收、钢筋工程质量控制与验收及混凝土工程质量控制与验收、混凝土现浇结构工程质量控制与验收及装配式结构工程质量控制与验收。

砌体结构工程质量控制与验收包括砌筑砂浆质量控制与验收、砖砌体工程质量控制与验收、混凝土小型空心砌块砌体工程质量控制与验收、石砌体工程质量控制与验收及填充墙砌体工程质量控制与验收及冬期施工。

课后习题

一、单项选择题

1. 对于跨度为 6m 的现浇钢筋混凝土梁，其模板当设计无具体要求时，起拱高度可为（　　）。

A. 12mm　　B. 20mm　　C. 12cm　　D. 20cm

2. 结构跨度为 4m 的钢筋混凝土现浇板的底模及其支架，当设计无具体要求时，混凝土强度达到（　　）时方可拆模。

A. 50%　　B. 75%　　C. 85%　　D. 100%

3. 钢筋混凝土用钢筋的组批规则：钢筋应按批进行检查和验收，每批重量不大于（　　）。

A. 20t　　B. 30t　　C. 50t　　D. 60t

4. 钢筋调直后应进行力学性能和（　　）的检验，其强度应符合有关标准的规定。

A. 重量偏差　　B. 直径　　C. 圆度　　D. 外观

5. 同一生产厂家、同一等级、同一品种、同一批号且连续进场的水泥，袋装不超过（　　）t为一批，每批抽样不少于一次。

A. 100　　B. 150　　C. 200　　D. 300

6. 结构混凝土中氯离子含量是指其占（　　）的百分比。

A. 水泥用量　　B. 粗骨料用量　　C. 细骨料用量　　D. 混凝土重量

7. 混凝土浇筑完毕后，在混凝土强度达到（　　）N/mm^2 前，不得在其上踩踏。

A. 1　　B. 1.2　　C. 1.5　　D. 2

8. 砌筑砂浆的水泥，使用前应对（　　）进行复验。

A. 强度　　B. 安定性　　C. 细度　　D. A+B

9. 填充墙与承重主体结构间的空（缝）隙部位施工，应在填充墙砌筑（　　）d后进行。

A. 7　　B. 14　　C. 28　　D. 56

10. 填充墙的水平灰缝厚度用尺量（　　）皮小砌块的高度折算。

A. 2　　B. 5　　C. 7　　D. 10

二、简答题

1. 简述底模拆除时的混凝土强度要求。

2. 简述钢筋原材料质量检验标准。

3. 简述不得设置脚手眼的墙体或部位。

三、案例题

【案例一】 某三层砖混结构教学楼的2楼悬挑阳台突然断裂，阳台悬挂在墙面上。幸好是在夜间发生，没有人员伤亡。经事故调查和原因分析发现，造成该质量事故的主要原因是施工队伍素质差，在施工时将本应放在上部的受拉钢筋放在了阳台板的下部，使得悬臂结构受拉区无钢筋而产生脆性破坏。

问题：

1. 如果该工程施工过程中实施了工程监理，监理单位对该起质量事故是否应承担责任？为什么？

2. 钢筋工程隐蔽验收的要点有哪些？

3. 项目质量因素的“4M1E”是指哪些因素？

【案例二】 某公司（甲方）办公楼工程，地下1层，地上9层，总建筑面积 $33000m^2$，箱形基础，框架剪力墙结构。该工程位于某居民区，现场场地狭小。施工单位（乙方）为了能在冬季前竣工，采用了夜间施工的赶工方式，居民对此意见很大。施工中为缩短运输时间和运输费用，土方队24h作业，其出入现场的车辆没有苫盖，在回填时把现场一些废弃物直接用作土方回填。工程竣工后，乙方向甲方提交了竣工报告，甲方为尽早使用，还没有组织验收便提前进住。使用中，公司发现教学楼存在质量问题，要求承包方修理。承包方则认为工程未经验收，发包方提前使用出现质量问题，承包方不再承担

责任。

问题：

1. 依据有关法律法规，该质量问题的责任由谁承担？
2. 文明施工在对现场周围环境和居民服务方面有何要求？
3. 试述单位工程质量验收的内容？
4. 防治混凝土蜂窝、麻面的主要措施有哪些？

项目四

屋面工程

【教学目标】

（一）知识目标

1. 了解屋面工程施工质量控制要点。

2. 熟悉屋面工程施工常见质量问题及预防措施。

3. 掌握屋面工程验收标准、验收内容和验收方法。

（二）能力目标

1. 能根据《建筑工程施工质量验收统一标准》（GB 50300—2013）和《屋面工程质量验收规范》（GB 50207—2012），运用质量验收方法、验收内容等知识，对地基与基础工程进行验收和评定。

2. 能根据《屋面工程技术规范》（GB 50345—2012）和施工方案文件等，对地基与基础工程常见质量问题进行预控。

任务一　基层与保护工程质量控制与验收

屋面找坡应满足设计排水坡度要求，结构找坡不应小于3%，材料找坡宜为2%；檐沟、天沟纵向找坡不应小于1%，沟底水落差不得超过200mm。

一、找坡层和找平层

找坡层宜采用轻骨料混凝土；找坡材料应分层铺设和适当压实，表面应平整。找平层宜采用水泥砂浆或细石混凝土；找平层的抹平工序应在初凝前完成，压光工序应在终凝前完成，终凝后应进行养护。找平层分格缝纵横间距不宜大于6m，分格缝的宽度宜为5~20mm。

找坡层和找平层质量控制与检验

找坡层和找平层质量检验标准见表4-1。

表 4-1 找坡层和找平层质量检验标准

<table>
<tr><th>项</th><th>序</th><th>项目</th><th>检验标准及要求</th><th>检验方法</th><th>检查数量</th></tr>
<tr><td rowspan="2">主控项目</td><td>1</td><td>材料质量及配合比</td><td rowspan="2">应符合设计要求</td><td>检查出厂合格证、质量检验报告和计量措施</td><td rowspan="6">应按屋面面积每 $100m^2$ 抽查一处，每处应为 $10m^2$，且不得少于 3 处</td></tr>
<tr><td>2</td><td>排水坡度</td><td>坡度尺检查</td></tr>
<tr><td rowspan="4">一般项目</td><td>1</td><td>表面质量</td><td>找平层应抹平、压光，不得有酥松、起砂、起皮现象</td><td rowspan="2">观察检查</td></tr>
<tr><td>2</td><td>交接处与转角处</td><td>卷材防水层的基层与突出屋面结构的交接处，以及基层的转角处，找平层应做成圆弧形，且应整齐平顺</td></tr>
<tr><td>3</td><td>分格缝</td><td>找平层分格缝的宽度和间距，均应符合设计要求</td><td>观察和尺量检查</td></tr>
<tr><td>4</td><td>表面平整度</td><td>找坡层表面平整度的允许偏差为 7mm，找平层表面平整度的允许偏差为 5mm</td><td>2m 靠尺和塞尺检查</td></tr>
</table>

二、隔汽层和隔离层

隔汽层和隔离层质量控制与检验

隔汽层的基层应平整、干净、干燥。隔汽层应设置在结构层与保温层之间，应选用气密性、水密性好的材料。在屋面与墙的连接处，隔汽层应沿墙面向上连续铺设，高出保温层上表面不得小于 150mm。隔汽层采用卷材时宜空铺，卷材搭接缝应满粘，其搭接宽度不应小于 80mm；隔汽层采用涂料时，应涂刷均匀。穿过隔汽层的管线周围应封严，转角处应无折损；隔汽层凡有缺陷或破损的部位，均应进行返修。

隔汽层质量检验标准见表 4-2。

表 4-2 隔汽层质量检验标准

<table>
<tr><th>项</th><th>序</th><th>项目</th><th>检验标准及要求</th><th>检验方法</th><th>检查数量</th></tr>
<tr><td rowspan="2">主控项目</td><td>1</td><td>材料质量</td><td>应符合设计要求</td><td>检查出厂合格证、质量检验报告和进场检验报告</td><td rowspan="4">应按屋面面积每 $100m^2$ 抽查一处，每处应为 $10m^2$，且不得少于 3 处</td></tr>
<tr><td>2</td><td>表面质量</td><td>不得有破损现象</td><td rowspan="3">观察检查</td></tr>
<tr><td rowspan="2">一般项目</td><td>1</td><td>卷材隔汽层</td><td>应铺设平整，卷材搭接缝应粘结牢固，密封应严密，不得有扭曲、皱折和起泡等缺陷</td></tr>
<tr><td>2</td><td>涂膜隔汽层</td><td>应粘结牢固，表面平整，涂布均匀，不得有堆积、起泡和露底等缺陷</td></tr>
</table>

块体材料、水泥砂浆或细石混凝土保护层与卷材、涂膜防水层之间，应设置隔离层。隔离层可采用干铺塑料膜、土工布、卷材或铺抹低强度等级砂浆。

隔离层质量检验标准见表 4-3。

表 4-3　隔离层质量检验标准

项	序	项目	检验标准及要求	检验方法	检查数量
主控项目	1	材料质量及配合比	应符合设计要求	检查出厂合格证和计量措施	同找平层和找坡层
	2	表面质量	不得有破损和漏铺现象	观察检查	
一般项目	1	铺设与搭接	塑料膜、土工布、卷材应铺设平整，其搭接宽度不应小于 50mm，不得有皱折	观察和尺量检查	同找平层和找坡层
	2	砂浆表面	低强度等级砂浆表面应压实、平整，不得有起壳、起砂现象	观察检查	

三、保护层

保护层质量控制与检验

防水层上的保护层施工，应待卷材铺贴完成或涂料固化成膜，并经检验合格后进行。用块体材料做保护层时，宜设置分格缝，分格缝纵横间距不应大于 10m，分格缝宽度宜为 20mm；用水泥砂浆做保护层时，表面应抹平压光，并应设表面分格缝，分格面积宜为 $1m^2$；用细石混凝土做保护层时，混凝土应振捣密实，表面应抹平压光，分格缝纵横间距不应大于 6m，分格缝的宽度宜为 10~20mm。块体材料、水泥砂浆或细石混凝土保护层与女儿墙和山墙之间，应预留宽度为 30mm 的缝隙，缝内宜填塞聚苯乙烯泡沫塑料，并应用密封材料嵌填密实。

保护层质量检验标准及允许偏差和检验方法见表 4-4、表 4-5。

表 4-4　保护层质量检验标准

项	序	项　目	检验标准及要求	检验方法	检查数量
主控项目	1	材料的质量及配合比	应符合设计要求	检查出厂合格证、质量检验报告和计量措施	同找平层和找坡层
	2	强度等级	块体材料、水泥砂浆或细石混凝土保护层的强度等级，应符合设计要求	检查块体材料、水泥砂浆或混凝土抗压强度试验报告	
	3	排水坡度	应符合设计要求	坡度尺检查	
一般项目	1	块体材料保护层表面质量	块体材料保护层表面应干净，接缝应平整，周边应顺直，镶嵌应正确，应无空鼓现象	小锤轻击和观察检查	
	2	水泥砂浆、细石混凝土保护层表面质量	水泥砂浆、细石混凝土保护层不得有裂纹、脱皮、麻面和起砂等现象	观察检查	
	3	浅色涂料表面质量	浅色涂料应与防水层粘结牢固，厚薄应均匀，不得漏涂		
	4	允许偏差和检验方法	应符合表 4-5 的规定	见表 4-5	

表 4-5　保护层的允许偏差和检验方法

项　　目	允许偏差/mm			检验方法
	块体材料	水泥砂浆	细石混凝土	
表面平整度	4.0	4.0	5.0	2m 靠尺和塞尺检查
缝格平直	3.0	3.0	3.0	拉线和尺量检查
接缝高低差	1.5	—	—	直尺和塞尺检查
板块间隙宽度	2.0	—	—	尺量检查
保护层厚度	设计厚度的 10%，且不得大于 5mm			钢针插入和尺量检查

四、基层与保护工程常见质量问题

1. 找平层开裂

（1）现象：找平层出现无规则的裂缝比较普遍，主要发生在有保温层的水泥砂浆找平层上。这些裂缝一般分为断续状和树枝状两种，裂缝宽度一般为 0.2～0.3mm，个别可达 0.5mm 以上，出现时间主要发生在水泥砂浆施工初期至 20d 左右龄期内。较大的裂缝易引发防水卷材开裂，两者的位置、大小互为对应。

另一种是在找平层上出现横向有规则裂缝，这种裂缝往往是通长和笔直的，裂缝间距在 4～6mm 左右。

（2）原因分析：

1）在保温屋面中，如采用水泥砂浆找平层，其刚度和抗裂性明显不足。

2）在保温层上采用水泥砂浆找平，两种材料的线膨胀系数相差较大，且保温材料容易吸水。

3）找平层的开裂还与施工工艺有关，如抹压不实、养护不良等。找平层上出现横向的规则裂缝，主要是因屋面温差变化较大所致。

（3）预防措施：

1）在屋面防水等级为重要的工程中，可采取如下措施：①对于整浇的钢筋混凝土结构基层，一般应取消水泥砂浆找平层。这样可省去找平层的工料费，也可保持有利于防水效果的施工基面；②对于保温屋面，在保温材料上必须设置 35～40mm 厚的 C20 细石混凝土找平层，内配 ϕ4@200 钢筋网片。

2）找平层应设分格缝，分格缝宜设在板端处。

3）对于抗裂要求较高的屋面防水工程，水泥砂浆找平层中，宜掺微膨胀剂。

（4）治理方法：

1）对于裂缝宽度在 0.3mm 以下的无规则裂缝，可用稀释后的改性沥青防水涂料多次涂刷，予以封闭。

2）对于裂缝宽度在 0.3mm 以上的无规则裂缝，除了对裂缝进行封闭外，还宜在裂缝两边加贴“一布二涂”有胎体材料的涂膜防水层，贴缝宽度一般为 70～100mm。

3）对于横向有规则的裂缝，应在裂缝处将砂浆找平层凿开，形成温度分格缝。

【例题 4-1】 某公共建筑工程，建筑面积 22000m^2，地下 2 层，地上 5 层，层高 3.2m，钢筋混凝土框架结构，大堂 1~3 层中空，大堂顶板为钢筋混凝土井字梁结构，屋面设女儿墙，屋面防水材料采用 SBS 卷材，某施工总承包单位承担施工任务。

找平层采用石灰砂浆，初凝后进行抹平施工，终凝后进行压光施工，压光后开始养护。找平层分格缝纵横向间距均为 8m，宽度为 25mm。施工后发现找平层出现空鼓、开裂现象。

问题：

1. 找平层施工是否正确，说明理由。
2. 找平层分格缝设置是否正确，为什么？
3. 阐述找平层出现空鼓、开裂的原因及预防措施？

例题 4-1 答案

任务二　保温与隔热工程质量控制与验收

铺设保温层的基层应平整、干燥和干净。保温材料在施工过程中应采取防潮、防水和防火等措施。保温材料的导热系数、表观密度或干密度、抗压强度或压缩强度、燃烧性能，必须符合设计要求。种植、架空、蓄水隔热层施工前，防水层均应验收合格。

一、保温工程

板状材料保温层质量控制与验收

1. 板状材料保温层

（1）采用干铺法施工时，板状保温材料应紧靠在基层表面上，应铺平垫稳；分层铺设的板块上下层接缝应相互错开，板间缝隙应采用同类材料的碎屑嵌填密实。

（2）采用粘贴法施工时，胶粘剂应与保温材料的材性相容，并应贴严、粘牢；板状材料保温层的平面接缝应挤紧拼严，不得在板块侧面涂抹胶粘剂，超过 2mm 的缝隙应采用相同材料板条或片填塞严实。

（3）采用机械固定法施工时，应选择专用螺钉和垫片；固定件与结构层之间应连接牢固。

2. 纤维材料保温层

（1）纤维材料保温层施工应符合下列规定：

1）纤维保温材料应紧靠在基层表面上，平面接缝应挤紧拼严，上下层接缝应相互错开。

2）屋面坡度较大时，宜采用金属或塑料专用固定件将纤维保温材料与基层固定。

3）纤维材料填充后，不得上人踩踏。

（2）装配式骨架纤维保温材料施工时，应先在基层上铺设保温龙骨或金属龙骨，龙骨之间应填充纤维保温材料，再在龙骨上铺钉水泥纤维板。金属龙骨和固定件应经防锈处理，金属龙骨与基层之间应采取隔热断桥措施。

3. 喷涂硬泡聚氨酯保温层

（1）保温层施工前应对喷涂设备进行调试，并应制备试样进行硬泡聚氨酯的性能检测。

（2）喷涂硬泡聚氨酯的配比应准确计算，发泡厚度应均匀一致。

（3）喷涂时喷嘴与施工基面的间距应由试验确定。

（4）一个作业面应分遍喷涂完成，每遍厚度不宜大于15mm；当日的作业面应当日连续地喷涂施工完毕。

（5）硬泡聚氨酯喷涂后20min内严禁上人；喷涂硬泡聚氨酯保温层完成后，应及时做保护层。

4. 现浇泡沫混凝土保温层

（1）在浇筑泡沫混凝土前，应将基层上的杂物和油污清理干净；基层应浇水湿润，但不得有积水。

（2）保温层施工前应对设备进行调试，并应制备试样进行泡沫混凝土的性能检测。

（3）泡沫混凝土的配合比应准确计量，制备好的泡沫加入水泥料浆中应搅拌均匀。

（4）浇筑过程中，应随时检查泡沫混凝土的湿密度。

保温工程的质量检验标准见表4-6。

表4-6　保温工程的质量检验标准

项	序	检查项目	检验标准及要求	检查方法	检查数量
主控项目	1	板状材料保温层	材料的质量应符合设计要求	检查出厂合格证、质量检验报告和进场检验报告	应按屋面面积每$100m^2$抽查一处，每处应为$10m^2$，且不得少于3处
			厚度应符合设计要求，其正偏差应不限，负偏差应为5%，且不得大于4mm	钢针插入和尺量检查	
			屋面热桥部位处理应符合设计要求	观察检查	
	2	纤维材料保温层	材料的质量应符合设计要求	检查出厂合格证、质量检验报告和进场检验报告	
			厚度应符合设计要求，其正偏差应不限，毡不得有负偏差，板负偏差应为4%，且不得大于3mm	钢针插入和尺量检查	
			屋面热桥部位处理应符合设计要求	观察检查	
	3	喷涂硬泡聚氨酯保温层	原材料的质量及配合比应符合设计要求	检查原材料出厂合格证、质量检验报告和计量措施	
			厚度应符合设计要求，其正偏差应不限，不得有负偏差	钢针插入和尺量检查	
			屋面热桥部位处理应符合设计要求	观察检查	
	4	现浇泡沫混凝土保温层	原材料的质量及配合比应符合设计要求	检查原材料出厂合格证、质量检验报告和计量措施	
			厚度应符合设计要求，其正负偏差应为5%，且不得大于5mm	钢针插入和尺量检查	
			屋面热桥部位处理应符合设计要求	观察检查	

（续）

<table>
<tr><th>项</th><th>序</th><th>检查项目</th><th>检验标准及要求</th><th>检查方法</th><th>检查数量</th></tr>
<tr><td rowspan="13">一般项目</td><td rowspan="4">1</td><td rowspan="4">板状材料保温层</td><td>铺设应紧贴基层，应铺平垫稳，拼缝应严密，粘贴应牢固</td><td rowspan="2">观察检查</td><td rowspan="13">应按屋面面积每 $100m^2$ 抽查一处，每处应为 $10m^2$，且不得少于3处</td></tr>
<tr><td>固定件的规格、数量和位置均应符合设计要求；垫片应与保温层表面齐平</td></tr>
<tr><td>表面平整度的允许偏差为5mm</td><td>2m靠尺和塞尺检查</td></tr>
<tr><td>接缝高低差的允许偏差为2mm</td><td>直尺和塞尺检查</td></tr>
<tr><td rowspan="4">2</td><td rowspan="4">纤维材料保温层</td><td>铺设应紧贴基层，拼缝应严密，表面应平整</td><td rowspan="2">观察检查</td></tr>
<tr><td>固定件的规格、数量和位置均应符合设计要求；垫片应与保温层表面齐平</td></tr>
<tr><td>装配式骨架和水泥纤维板应铺钉牢固，表面应平整；龙骨间距和板材厚度应符合设计要求</td><td>观察和尺量检查</td></tr>
<tr><td>具有抗水蒸气渗透外覆面的玻璃棉制品，其外覆面应朝向室内，拼缝应用防水密封胶带封严</td><td>观察检查</td></tr>
<tr><td rowspan="2">3</td><td rowspan="2">喷涂硬泡聚氨酯保温层</td><td>应分遍喷涂，粘结应牢固，表面应平整，找坡应正确</td><td>观察检查</td></tr>
<tr><td>表面平整度的允许偏差为5mm</td><td>2m靠尺和塞尺检查</td></tr>
<tr><td rowspan="3">4</td><td rowspan="3">现浇泡沫混凝土保温层</td><td>应分层施工，粘结应牢固，表面应平整，找坡应正确</td><td rowspan="2">观察检查</td></tr>
<tr><td>不得有贯通性裂缝，以及疏松、起砂、起皮现象</td></tr>
<tr><td>表面平整度的允许偏差为5mm</td><td>2m靠尺和塞尺检查</td></tr>
</table>

二、隔热工程

1. 种植隔热层

（1）种植隔热层与防水层之间宜设细石混凝土保护层。

（2）种植隔热层的屋面坡度大于20%时，其排水层、种植土层应采取防滑措施。

（3）排水层施工应符合下列要求：

1）陶粒的粒径不应小于25mm，大粒径应在下，小粒径应在上。

2）凹凸形排水板宜采用搭接法施工，网状交织排水板宜采用对接法施工。

3）排水层上应铺设过滤层土工布。

4）挡墙或挡板的下部应设泄水孔，孔周围应放置疏水粗细骨料。

（4）过滤层土工布应沿种植土周边向上铺设至种植土高度，并应与挡墙或挡板粘牢；土工布的搭接宽度不应小于100mm，接缝宜采用粘合或缝合。

（5）种植土的厚度及自重应符合设计要求。种植土表面应低于挡墙高度100mm。

2. 架空隔热层

（1）架空隔热层的高度应按屋面宽度或坡度大小确定。设计无要求时，架空隔热层的高度宜为180~300mm。

（2）当屋面宽度大于10m时，应在屋面中部设置通风屋脊，通风口处应设置通风箅子。

（3）架空隔热制品支座底面的卷材、涂膜防水层，应采取加强措施。

（4）架空隔热制品的质量应符合下列要求：

1）非上人屋面的砌块强度等级不应低于MU7.5；上人屋面的砌块强度等级不应低于MU10。

2）混凝土板的强度等级不应低于C20，板厚及配筋应符合设计要求。

3. 蓄水隔热层

（1）蓄水隔热层与屋面防水层之间应设隔离层。

（2）蓄水池的所有孔洞应预留，不得后凿；所设置的给水管、排水管和溢水管等，均应在蓄水池混凝土施工前安装完毕。

（3）每个蓄水区的防水混凝土应一次浇筑完毕，不得留施工缝。

（4）防水混凝土应用机械振捣密实，表面应抹平和压光，初凝后应覆盖养护，终凝后浇水养护不得少于14d；蓄水后不得断水。

隔热工程的质量检验标准见表4-7。

表4-7 隔热工程的质量检验标准

项	序	检查项目	检验标准及要求	检查方法	检查数量
主控项目	1	种植隔热层	材料的质量应符合设计要求	检查出厂合格证、质量检验报告	按屋面面积每500~1000m² 划分为一个检验批，不足500m² 应按一个检验批；每个检验批的抽检数量应按屋面面积每100m² 抽查一处，每处应为10m²，且不得少于3处
			排水层应与排水系统连通	观察检查	
			挡墙或挡板泄水孔的留设应符合设计要求，并不得堵塞	观察和尺量检查	
	2	架空隔热层	架空隔热制品的质量，应符合设计要求	检查材料或构件合格证和质量检验报告	
			架空隔热制品的铺设应平整、稳固，缝隙勾填应密实	观察检查	
			屋面热桥部位处理应符合设计要求		
	3	蓄水隔热层	防水混凝土所用材料的质量及配合比应符合设计要求	检查出厂合格证、质量检验报告、进场检验报告和计量措施	
			防水混凝土的抗压强度和抗渗性能应符合设计要求	检查混凝土抗压强度和抗渗性能试验报告	
			蓄水池不得有渗漏现象	蓄水至规定高度观察检查	

（续）

项	序	检查项目	检验标准及要求	检查方法	检查数量
一般项目	1	种植隔热层	陶粒应铺设平整、均匀，厚度应符合设计要求	观察和尺量检查	按屋面面积每500~1000m^{2}划分为一个检验批，不足500m^{2}应按一个检验批；每个检验批的抽检数量应按屋面面积每100m^{2}抽查一处，每处应为10m^2，且不得少于3处
			排水板应铺设平整，接缝方法应符合现行国家有关标准的规定		
			过滤层土工布应铺设平整、接缝严密，其搭接宽度的允许偏差为-10mm		
			种植土应铺设平整、均匀，其厚度的允许偏差为±5%，且不得大于30mm	尺量检查	
	2	架空隔热层	架空隔热制品距山墙或女儿墙不得小于250mm	观察和尺量检查	
			架空隔热层的高度及通风屋脊、变形缝做法，应符合设计要求		
			架空隔热制品接缝高低差的允许偏差为3mm	直尺和塞尺检查	
	3	蓄水隔热层	防水混凝土表面应密实、平整，不得有蜂窝、麻面、露筋等缺陷	观察检查	
			防水混凝土表面的裂缝宽度不应大于0.2mm，并不得贯通	刻度放大镜检查	
			蓄水池上所留设的溢水口、过水孔、排水管、溢水管等，其位置、标高和尺寸均应符合设计要求	观察和尺量检查	
			蓄水池结构的允许偏差应符合表4-8的规定	见表4-8	

表4-8　蓄水池结构的允许偏差和检验方法

项　　目	允许偏差/mm	检验方法
长度、宽度	+15，-10	尺量检查
厚度	±5	
表面平整度	5	2m靠尺和塞尺检查
排水坡度	符合设计要求	坡度尺检查

三、保温与隔热工程常见质量问题

1. 屋面保温层表面铺设不平整

屋面保温层表面铺设不平整的预防措施：

（1）保温层施工前要求基层平整，屋面坡度符合设计要求。

（2）松散保温材料应分层铺设，并适当压实，每层虚铺厚度不宜大于150mm；压实程度与厚度应经过试验确定。

（3）干铺的板状保温材料，应紧靠在需保温的基层表面上，并应铺平垫稳。分层铺设的板块上下层接缝应相互错开，板间缝隙应采用同类材料嵌填密实。

（4）沥青膨胀蛭石、沥青膨胀珍珠岩宜用机械搅拌至色泽均匀一致，无沥青团；压实程度根据试验确定，其厚度应符合设计要求，表面应平整。

（5）现喷硬质发泡聚氨酯应按配合比准确计量，发泡厚度均匀一致，表面平整。

2. 保温层乃至找平层出现起鼓、开裂

保温层乃至找平层出现起鼓、开裂的预防措施：

（1）控制原材料含水率。封闭式保温层的含水率应相当于该材料在当地自然风干状态下的平衡含水率。

（2）倒置式屋面采用吸水率小于6%、长期浸水不腐烂的保温材料。此时，保温层上应用混凝土等块材、水泥砂浆或卵石保护层与保温层之间，应干铺一层无纺聚酯纤维面做隔离层。

（3）保温层施工完成后，应及时进行找平层和防水层的施工。在雨期施工时保温层应采取遮盖措施。

（4）从材料堆放、运输、施工以及成品保护等环节都应采取措施，防止受潮和雨淋。

（5）屋面保温层干燥有困难时，应采用排汽措施。排汽道应纵横贯通，并应与大气连通的排汽孔相通，排汽孔宜每25m^2设置1个，并做好防水处理。

【例题4-2】 某公共建筑工程，建筑面积22000m^2，地下2层，地上5层，层高3.2m，钢筋混凝土框架结构，大堂1~3层中空，大堂顶板为钢筋混凝土井字梁结构，屋面设女儿墙，屋面防水材料采用SBS卷材，某施工总承包单位承担施工任务。架空隔热层的高度为150mm；架空隔热层混凝土板的强度等级为C15。屋面架空隔热层施工完后，发现隔热效果不佳。

例题4-2答案

问题：

1. 架空隔热层的高度和混凝土板的强度等级是否正确，说明理由。
2. 阐述屋面架空隔热层隔热效果不佳的原因及预防措施。

任务三　防水与密封工程质量控制与验收

防水层施工前，基层应坚实、平整、干燥和干净。基层处理剂应配比准确，并应搅拌均匀；喷涂或涂刷基层处理剂应均匀一致，待其干燥后应及时进行卷材、涂膜防水层和接缝密封防水施工。防水层完工并经验收合格后，应及时做好成品保护。

一、防水工程

卷材防水层质量控制与检验

1. 卷材防水层

（1）屋面坡度大于25%时，卷材应采取满粘和钉压固定措施。

（2）卷材铺贴方向应符合下列规定：

1）卷材宜平行屋脊铺贴。

2）上下层卷材不得相互垂直铺贴。

（3）卷材搭接缝应符合下列规定：

1）平行屋脊的卷材搭接缝应顺流水方向，卷材搭接宽度应符合表4-9规定。

2）相邻两幅卷材短边搭接缝应错开，且不得小于500mm。

3）上下层卷材长边搭接缝应错开，且不得小于幅宽的1/3。

表4-9　卷材搭接宽度　（单位：mm）

卷材类别		搭接宽度
合成高分子防水卷材	胶粘剂	80
	胶粘带	50
	单缝焊	60，有效焊接宽度不小于25
	双缝焊	80，有效焊接宽度10×2+空腔宽
高聚物改性沥青防水卷材	胶粘剂	100
	自粘	80

（4）冷粘法铺贴卷材应符合下列规定：

1）胶粘剂涂刷应均匀，不应露底，不应堆积。

2）应控制胶粘剂涂刷与卷材铺贴的间隔时间。

3）卷材下面的空气应排尽，并应辊压粘贴牢固。

4）卷材铺贴应平整顺直，搭接尺寸应准确，不得扭曲、皱折。

5）接缝口应用密封材料封严，宽度不应小于10mm。

（5）热粘法铺贴卷材应符合下列规定：

1）熔化热熔型改性沥青胶结料时，宜采用专用的导热油炉加热，加热温度不应高于200℃，使用温度不宜低于180℃。

2）粘贴卷材的热熔型改性沥青胶结料厚度宜为1.0~1.5mm。

3）采用热熔型改性沥青胶结料粘贴卷材时，应随刮随铺，并应展平压实。

（6）热熔法铺贴卷材应符合下列规定：

1）火焰加热器加热卷材应均匀，不得加热不足或烧穿卷材。

2）卷材表面热熔后应立即滚铺，卷材下面的空气应排尽，并应辊压粘贴牢固。

3）卷材接缝部位应溢出热熔的改性沥青胶，溢出的改性沥青胶宽度宜为8mm。

4）铺贴的卷材应平整顺直，搭接尺寸应准确，不得扭曲、皱折。

5）厚度小于3mm的高聚物改性沥青防水卷材，严禁采用热熔法施工。

（7）自粘法铺贴卷材应符合下列规定：

1）铺贴卷材时，应将自粘胶底面的隔离纸全部撕净。
2）卷材下面的空气应排尽，并应辊压粘贴牢固。
3）铺贴的卷材应平整顺直，搭接尺寸应准确，不得扭曲、皱折。
4）接缝口应用密封材料封严，宽度不应小于10mm。
5）低温施工时，接缝部位宜采用热风加热，并应随即粘贴牢固。
（8）焊接法铺贴卷材应符合下列规定：
1）焊接前卷材应铺设平整、顺直，搭接尺寸应准确，不得扭曲、皱折。
2）卷材焊接缝的结合面应干净、干燥，不得有水滴、油污及附着物。
3）焊接时应先焊长边搭接缝，后焊短边搭接缝。
4）控制加热温度和时间，焊接缝不得有漏焊、跳焊、焊焦或焊接不牢现象。
5）焊接时不得损害非焊接部位的卷材。
（9）机械固定法铺贴卷材应符合下列规定：
1）卷材应采用专用固定件进行机械固定。
2）固定件应设置在卷材搭接缝内，外露固定件应用卷材封严。
3）固定件应垂直钉入结构层有效固定，固定件数量和位置应符合设计要求。
4）卷材搭接缝应粘结或焊接牢固，密封应严密。
5）卷材周边800mm范围内应满粘。

2. 涂膜防水层

（1）防水涂料应多遍涂布，并应待前一遍涂布的涂料干燥成膜后，再涂布后一遍涂料，且前后两遍涂料的涂布方向应相互垂直。
（2）铺设胎体增强材料应符合下列规定：
1）胎体增强材料宜采用聚酯无纺布或化纤无纺布。
2）胎体增强材料长边搭接宽度不应小于50mm，短边搭接宽度不应小于70mm。
3）上下层胎体增强材料的长边搭接缝应错开，且不得小于幅宽的1/3。
4）上下层胎体增强材料不得相互垂直铺设。
（3）多组分防水涂料应按配合比准确计量，搅拌应均匀，并应根据有效时间确定每次配制的数量。

3. 复合防水层

（1）卷材与涂料复合使用时，涂膜防水层宜设置在卷材防水层的下面。
（2）卷材与涂料复合使用时，防水卷材的粘结质量应符合表4-10的规定。

表4-10 防水卷材的粘结质量

项　　目	自粘聚合物改性沥青防水卷材和带自粘层防水卷材	高聚物改性沥青防水卷材胶粘剂	合成高分子防水卷材胶粘剂
粘结剥离强度/（N/10mm）	≥10或卷材断裂	≥8或卷材断裂	≥15或卷材断裂
剪切状态下的粘合强度/（N/10mm）	≥20或卷材断裂	≥20或卷材断裂	≥20或卷材断裂
浸水168h后粘结剥离强度保持率（%）	—	—	≥70

注：防水涂料作为防水卷材粘结材料复合使用时，应符合相应的防水卷材胶粘剂规定。

（3）复合防水层施工质量应符合卷材防水层和涂膜防水层的相关规定。
防水工程的质量检验标准见表4-11。

表 4-11　防水工程的质量检验标准

项	序	检查项目	检验标准及要求	检查方法	检查数量
主控项目	1	卷材防水层	防水卷材及其配套材料的质量应符合设计要求	检查出厂合格证、质量检验报告和进场检验报告	
			不得有渗漏和积水现象	雨后观察或淋水、蓄水试验	
			卷材防水层在檐口、檐沟、天沟、水落口、泛水、变形缝和伸出屋面管道的防水构造，应符合设计要求	观察检查	
	2	涂膜防水层	防水涂料和胎体增强材料的质量应符合设计要求	检查出厂合格证、质量检验报告和进场检验报告	
			涂膜防水层不得有渗漏和积水现象	雨后观察或淋水、蓄水试验	
			涂膜防水层在檐口、檐沟、天沟、水落口、泛水、变形缝和伸出屋面管道的防水构造，应符合设计要求	观察检查	
			涂膜防水层的平均厚度应符合设计要求，且最小厚度不得小于设计厚度的 80%	针测法或取样量测	
	3	复合防水层	复合防水层所用防水材料及其配套材料的质量，应符合设计要求	检查出厂合格证、质量检验报告和进场检验报告	
			复合防水层不得有渗漏和积水现象	雨后观察或淋水、蓄水试验	
			复合防水层在天沟、檐沟、檐口、水落口、泛水、变形缝和伸出屋面管道的防水构造，应符合设计要求		应按屋面面积每 $100m^2$ 抽查一处，每处应为 $10m^2$，且不得少于 3 处
一般项目	1	卷材防水层	卷材搭接缝应粘结或焊接牢固，密封应严密，不得扭曲、皱折和翘边	观察检查	
			卷材防水层的收头应与基层粘结，钉压应牢固，密封应严密		
			卷材防水层的铺贴方向应正确，卷材搭接宽度的允许偏差为-10mm	观察和尺量检查	
			屋面排汽构造的排汽道应纵横贯通，不得堵塞；排汽管应安装牢固，位置应正确，封闭应严密		
	2	涂膜防水层	涂膜防水层与基层应粘结牢固，表面应平整，涂布应均匀，不得有流淌、皱折、起泡和露胎体等缺陷	观察检查	
			涂膜防水层的收头应用防水涂料多遍涂刷		
			铺贴胎体增强材料应平整顺直，搭接尺寸应准确，应排除气泡，并应与涂料粘结牢固；胎体增强材料搭接宽度的允许偏差为-10mm	观察和尺量检查	
	3	复合防水层	卷材与涂膜应粘结牢固，不得有空鼓和分层现象	观察检查	
			复合防水层总厚度应符合设计要求	针测法或取样量测	

二、密封防水工程

密封防水部位的基层应符合下列要求：

（1）基层应牢固，表面应平整、密实，不得有裂缝、蜂窝、麻面、起皮和起砂现象。

（2）基层应清洁、干燥，并应无油污、无灰尘。

（3）嵌入的背衬材料与接缝壁间不得留有空隙。

（4）密封防水部位的基层宜涂刷基层处理剂，涂刷应均匀，不得漏涂。

多组分密封材料应按配合比准确计量，拌和应均匀，并应根据有效时间确定每次配制的数量。密封材料嵌填完成后，在固化前应避免灰尘、破损及污染，且不得踩踏。

接缝密封防水工程的质量检验标准见表 4-12。

表 4-12　接缝密封防水工程的质量检验标准

项	序	检查项目	检验标准及要求	检查方法	检查数量
主控项目	1	材料要求	密封材料及其配套材料的质量应符合设计要求	检查出厂合格证、质量检验报告和进场检验报告	应按屋面面积每 $50m^2$ 抽查一处，每处应为 $5m^2$，且不得少于 3 处
	2	密封质量	密封材料嵌填应密实、连续、饱满，粘结牢固，不得有气泡、开裂、脱落等缺陷	观察检查	
一般项目	1	基层要求	密封防水部位的基层应符合规定		
	2	嵌填深度	接缝宽度和密封材料的嵌填深度应符合设计要求，接缝宽度的允许偏差为 ±10%	尺量检查	
	3	表面质量	嵌填的密封材料表面应平滑，缝边应顺直，应无明显不平和周边污染现象	观察检查	

三、防水与密封工程常见质量问题

1. 热熔法铺贴卷材时因操作不当造成卷材起鼓

卷材起鼓的预防措施：

（1）高聚物改性沥青防水卷材施工时，火焰加热要均匀、充分、适度。在操作时，首先持枪人不能让火焰停留在一个地方的时间过长，而应沿着卷材宽度方向缓缓移动，使卷材横向受热均匀。其次要求加热充分，温度适中。第三要掌握加热程度，以热熔后沥青胶出现黑色光泽（此时沥青温度为 200~230℃）、发亮并有微泡现象为度。

（2）趁热推滚，排尽空气。卷材被热熔粘贴后，要在卷材尚处于较柔软状态时，就及时进行滚压。滚压时间可根据施工环境、气候条件调节掌握。气温高冷却慢，滚压时宜稍紧密接触，排尽空气，而在铺压时用力又不宜过大，确保粘结牢固。

2. 转角、立面和卷材接缝处粘结不牢

接缝处粘结不牢的预防措施：

（1）基层必须做到平整、坚实、干净、干燥。

（2）涂刷基层处理剂，并要求做到均匀一致，无空白漏刷现象，但切勿反复涂刷。

（3）屋面转角处应按规定增加卷材附加层，并注意与原设计的卷材防水层相互搭接牢固，以适应不同方向的结构和温度变形。

（4）对于立面铺贴的卷材，应将卷材的收头固定于立墙的凹槽内，并用密封材料嵌填封严。

（5）卷材与卷材之间的搭接缝口，也应用密封材料封严，宽度不应小于10mm。密封材料应在缝口抹平，使其形成有明显的沥青条带。

3. 进场密封材料的储运、保管不当

密封材料的储运、保管不当的预防措施：

（1）密封材料的包装容器必须密封，容器表面应有明显标志，标明材料名称、生产厂名、生产日期和产品有效期。

（2）不同品种、规格和等级的密封材料应分开存放。多组分密封材料更应避免组分间相互混淆。

（3）保管环境应干燥、通风、远离火源，并避免日晒、雨淋、受潮，避免碰撞并防止渗漏。

（4）储运和保管的环境温度对水溶性密封材料应高于5℃、对溶剂型密封材料不宜低于0℃，同时不应高于50℃。储存期控制在各产品的要求范围内。

4. 完成养护的屋面接缝，做嵌缝充填前清理、修整不当

嵌缝充填前清理、修整不当的预防措施：

（1）缝边松动、起皮、泛砂予以剔除，缺边掉角修补完整，过窄或堵塞段通过割、凿贯通，使接缝纵横相互贯通、缝侧密实平整、宽窄均匀且满足设计要求。

（2）清除缝内残余物，钢丝刷刷除缝壁和缝顶两侧80~100mm范围的水泥浮浆等杂物，吹扫清洗干净并晾晒或采取相应的干燥措施，使之含水率不大于10%。

（3）待充填接缝的基层应牢固、无缺损，表面平整、密实，不得有蜂窝、麻面、起皮和起砂现象。

【例题4-3】 某公共建筑工程，建筑面积22000m^2，地下2层，地上5层，层高3.2m，钢筋混凝土框架结构，大堂1~3层中空，大堂顶板为钢筋混凝土井字梁结构，屋面设女儿墙，屋面防水材料采用SBS卷材，某施工总承包单位承担施工任务。

屋面防水层施工时，因工期紧没有搭设安全防护栏杆。工人王某在铺贴卷材后退时不慎从屋面掉下，经医院抢救无效死亡。

屋面进行闭水试验时，发现女儿墙根部漏水，经查，主要原因是转角处卷材开裂，施工总承包单位进行了整改。

问题：

1. 从安全防护措施角度指出发生这一起伤亡事故的直接原因。
2. 项目经理部负责人在事故发生后应该如何处理此事？
3. 按先后顺序说明女儿墙根部漏水质量问题的治理步骤。

例题4-3答案

任务四　细部构造工程质量控制与验收

细部构造所使用卷材、涂料和密封材料的质量应符合设计要求，两种材料之间应具有相容性。屋面细部构造热桥部位的保温处理应符合设计要求。

一、细部构造质量检验标准

细部构造工程的质量检验标准见表 4-13。

表 4-13　细部构造工程的质量检验标准

项	序	检查项目	检验标准及要求	检查方法	检查数量
主控项目	1	檐口	檐口的防水构造应符合设计要求	观察检查	全数检查
			檐口的排水坡度应符合设计要求；檐口部位不得有渗漏和积水现象	坡度尺检查和雨后观察或淋水试验	
	2	檐沟和天沟	防水构造应符合设计要求	观察检查	
			排水坡度应符合设计要求；沟内不得有渗漏和积水现象	坡度尺检查和雨后观察或淋水、蓄水试验	
	3	女儿墙和山墙	防水构造应符合设计要求	观察检查	
			压顶向内排水坡度不应小于5%，压顶内侧下端应做成鹰嘴或滴水槽	观察和坡度尺检查	
			根部不得有渗漏和积水现象	雨后观察或淋水试验	
	4	水落口	防水构造应符合设计要求	观察检查	
			水落口杯上口应设在沟底最低处；水落口处不得有渗漏和积水现象	雨后观察或淋水、蓄水试验	
	5	变形缝	防水构造应符合设计要求	观察检查	
			变形缝处不得有渗漏和积水现象	雨后观察或淋水试验	
	6	伸出屋面管道	防水构造应符合设计要求	同变形缝	
			伸出屋面管根部不得有渗漏和积水现象		
	7	屋面出入口	防水构造应符合设计要求	同变形缝	
			屋面出入口处不得有渗漏和积水现象		
	8	反梁过水孔	防水构造应符合设计要求	同变形缝	
			反梁过水孔处不得有渗漏和积水现象		
	9	设施基座	防水构造应符合设计要求	同变形缝	
			设施基座处不得有渗漏和积水现象		
	10	屋脊	防水构造应符合设计要求	同变形缝	
			屋脊处不得有渗漏现象		
	11	屋顶窗	防水构造应符合设计要求	同变形缝	
			屋顶窗及其周围不得有渗漏现象		

（续）

项	序	检查项目	检验标准及要求	检查方法	检查数量
一般项目	1	檐口	檐口800mm范围内的卷材应满粘	观察检查	全数检查
			卷材收头应在找平层的凹槽内用金属压条钉压固定，并应用密封材料封严		
			涂膜收头应用防水涂料多遍涂刷		
			檐口端部应抹聚合物水泥砂浆，其下端应做成鹰嘴和滴水槽		
	2	檐沟和天沟	檐沟、天沟附加层铺设应符合设计要求	观察和尺量检查	
			檐沟防水层应由沟底翻上至外侧顶部，卷材收头应用金属压条钉压固定，并应用密封材料封严；涂膜收头应用防水涂料多遍涂刷	观察检查	
			檐沟外侧顶部及侧面均匀抹聚合物水泥砂浆，其下端应做成鹰嘴或滴水槽		
	3	女儿墙和山墙	泛水高度及附加层铺设应符合设计要求	观察和尺量检查	
			卷材应满粘，卷材收头应用金属压条钉压固定，并应用密封材料封严	观察检查	
			涂膜应直接涂刷至压顶下，涂膜收头应用防水涂料多遍涂刷		
	4	水落口	水落口的数量和位置应符合设计要求；水落口杯应安装牢固	观察和手扳检查	
			水落口周围直径500mm范围内坡度不应小于5%，水落口周围的附加层铺设应符合设计要求	观察和尺量检查	
			防水层及附加层伸入水落口杯内不应小于50mm，并应粘结牢固		
	5	变形缝	泛水高度和附加层铺设应符合设计要求		
			防水层应铺贴或涂刷至泛水墙顶部	观察检查	
			等高变形缝顶部宜加扣混凝土盖板或金属盖板。混凝土盖板的接缝应用密封材料封严；金属盖板应铺钉牢固，搭接缝应顺流水方向，并应做好防锈处理		
			高低跨变形缝在高跨墙面上的防水卷材封盖和金属盖板，应用金属压条钉压固定，并应用密封材料封严		

（续）

项	序	检查项目	检验标准及要求	检查方法	检查数量
一般项目	6	伸出屋面管道	泛水高度和附加层铺设应符合设计要求	观察和尺量检查	全数检查
			周围的找平层应抹出高度不小于 30mm 的排水坡		
			卷材防水层收头应用金属箍固定，并应用密封材料封严；涂膜防水层收头应用防水涂料多遍涂刷	观察检查	
	7	屋面出入口	屋面垂直出入口防水层收头应压在压顶圈下，附加层铺设应符合设计要求		
			屋面水平出入口防水层收头应压在混凝土踏步下，附加层铺设和护墙应符合设计要求		
			屋面出入口的泛水高度不应小于 250mm	观察和尺量检查	
	8	反梁过水孔	反梁过水孔的孔底标高、孔洞尺寸或预埋管管径，均应符合设计要求	尺量检查	
			反梁过水孔的孔洞四周应涂刷防水涂料；预埋管道两端周围与混凝土接触处应留凹槽，并应用密封材料封严	观察检查	
	9	设施基座	设施基座与结构层相连时，防水层应包裹设施基座的上部，并应在地脚螺栓周围做密封处理	观察检查	
			设施基座直接放置在防水层上时，设施基座下部应增设附加层，必要时应在其上浇筑细石混凝土，其厚度不应小于 50mm		
			需经常维护的设施基座周围和屋面出入口至设施之间的人行道，应铺设块体材料或细石混凝土保护层		
	10	屋脊	平脊和斜脊铺设应顺直，应无起伏现象		
			脊瓦应搭盖正确，间距应均匀，封固严密	观察和手扳检查	
	11	屋顶窗	屋顶窗用金属排水板、窗框固定铁脚应与屋面连接牢固	观察检查	
			屋顶窗用窗口防水卷材应铺贴平整，粘结应牢固		

二、细部构造工程施工常见质量问题

1. 水落口处有渗漏现象，水落口排水不畅通、有积水

水落口排水不畅通、有积水的预防措施：

（1）施工前应调整水落口管垂直度，固定雨水管后再进行防水油膏嵌缝施工。

(2) 结构施工完成后，水落口汇水区直径范围水泥砂浆面层应进行表面压光处理，在找平层到面层保护层施工过程进行递减厚度，保证面层的排水坡度。

2. 女儿墙在变形缝处没有断开，影响变形功能

女儿墙在变形缝处没有断开，影响变形功能的预防措施：

(1) 严格按照设计图施工。

(2) 女儿墙变形缝内灰浆杂物清理干净。

(3) 变形缝内填充聚苯乙烯泡沫塑料，上部填放衬垫材料，并用卷材封盖。

(4) 金属板材盖板用射钉或螺栓固定牢固，两边铺设钢板网。

(5) 采用平板盖板时单边固定，一边活动。

【例题 4-4】 某公共建筑工程，建筑面积 22000m^2，地下 2 层，地上 5 层，层高 3.2m，钢筋混凝土框架结构，大堂 1~3 层中空，大堂顶板为钢筋混凝土井字梁结构，屋面设女儿墙，屋面防水材料采用 SBS 卷材，某施工总承包单位承担施工任务。

施工单位对屋面细部构造工程拟定了质量检验方案，包括检验内容和检查数量等。

例题 4-4 答案

问题：

1. 屋面细部构造工程包括哪些检验内容？
2. 屋面细部构造工程各分项工程每个检验批检验数量为多少？

【综合案例】 某公共建筑工程，建筑面积 22000m^2，地下 2 层，地上 5 层，层高 3.2m，钢筋混凝土框架结构，大堂 1~3 层中空，大堂顶板为钢筋混凝土井字梁结构，屋面设女儿墙，屋面防水材料采用 SBS 卷材，某施工总承包单位承担施工任务。

找平层采用石灰砂浆，初凝后进行抹平施工，终凝后进行压光施工，压光后开始养护。找平层分格缝纵横向间距均为 8m，宽度为 25mm。施工后发现找平层出现空鼓、开裂现象。

架空隔热层的高度为 150mm；架空隔热层混凝土板的强度等级为 C15。屋面架空隔热层施工完后，发现隔热效果不佳。

屋面工程
综合案例

问题：

1. 找平层施工是否正确，说明理由。
2. 找平层分格缝设置是否正确，为什么？
3. 阐述找平层出现空鼓、开裂的原因及预防措施？
4. 架空隔热层的高度和混凝土板的强度等级是否正确？说明理由。
5. 阐述屋面架空隔热层隔热效果不佳的原因及预防措施。

本章小结

本章主要介绍了屋面工程中基层与保护工程质量控制与验收、保温与隔热工程质量控制与验收、防水与密封工程质量控制与验收及细部构造工程质量控制与验收四大部分内容。

基层与保护工程质量控制与验收包括找坡层和找平层、隔汽层和隔离层、保护层的质量控制与验收。

保温与隔热工程质量控制与验收包括保温工程质量控制与验收和隔热工程质量控制与验收。

防水与密封工程质量控制与验收包括屋面防水工程质量控制与验收和接缝密封工程质量控制与验收。

细部构造工程质量控制与验收包括檐口、檐沟和天沟、女儿墙和山墙、水落口、变形缝、伸出屋面管道、屋面出入口、反梁过水孔、设施基座、屋脊和屋顶窗的质量控制与验收。

课后习题

一、单项选择题

1. 找平层分格缝纵横间距不宜大于（　　）m，分格缝的宽度宜为 5~20mm。

A. 3　　B. 4　　C. 5　　D. 6

2. 隔汽层采用卷材时宜空铺，卷材搭接缝应（　　），其搭接宽度不应小于 80mm。

A. 满粘　　B. 点粘　　C. 条粘　　D. 空铺

3. 隔汽层应设置在（　　）与保温层之间，隔汽层应选用气密性、水密性好的材料。

A. 结构层　　B. 构造层　　C. 防水层　　D. 主体基础

4. 屋面硬泡聚氨酯保温层喷涂后（　　）min 内严禁上人，喷涂硬泡聚氨酯保温层完成后，应及时做保护层。

A. 5　　B. 8　　C. 15　　D. 20

5. 相邻两幅卷材短边搭接缝应错开，且不得小于（　　）mm。

A. 50　　B. 150　　C. 200　　D. 500

6. 热熔法铺贴卷材时，厚度小于（　　）mm 的高聚物改性沥青防水卷材，严禁采用热熔法施工。

A. 3　　B. 4　　C. 5　　D. 6

7. 卷材与涂料复合使用时，涂膜防水层宜设置在卷材防水层的（　　）。

A. 上面　　B. 下面　　C. 上面或下面　　D. 无要求

8. 接缝密封防水工程的表面质量检查方法为（　　）。

A. 尺量检查　　B. 观察检查　　C. 设备检查　　D. 直尺检查

9. 屋面出入口的泛水高度不应小于（　　）mm。

A. 150　　B. 250　　C. 400　　D. 500

10. 屋面工程中找平层宜采用水泥砂浆或细石混凝土，找平层的抹平工序应在（　　）完成，压光工序应在终凝前完成，终凝后应进行养护。

A. 初凝前　　B. 终凝前　　C. 初凝后　　D. 终凝后

二、简答题

1. 简述板状材料保温层的质量控制点。
2. 简述防水卷材搭接缝的规定。
3. 简述热熔法铺贴卷材的规定。

三、案例题

【案例一】 某市新建一大型文化广场，新建主体建筑总面积 65000m^2，地下 5 层，地上 3 层，结构形式为钢筋混凝土框架剪力墙结构和钢结构屋架。地下工程防水等级为一级，屋面防水年限为25年，建筑耐火等级为一级。地下室室外顶板大部分区域均种植绿化，其防水采用三道设防，具体做法如下：

（1）回填土（种植土）。

（2）土工植物一层（带根系隔离层）。

（3）25mm厚疏水板，外伸出地下室外墙300mm。

（4）2mm厚合成高分子防水涂膜两道，下伸至地下室侧墙施工缝300mm以下，用密封膏封严。

（5）20mm厚聚合物防水砂浆。

问题：

1. 试述钢筋混凝土框架剪力墙结构的优点和钢结构屋架吊装程序。

2. 本地下工程防水按哪一质量验收规范进行施工？本屋面防水工程等级为几级？为确保屋面防水工程质量，应严格根据哪一质量验收规范进行施工？

3. 本工程地下室室外顶板绿化种植土厚度至少为多少米？土工植物地基有什么作用？

【案例二】 某市科技大学新建一座现代化的智能教学楼，框架-剪力墙结构，地下2层，地上18层，建筑面积24500m^2，某建筑公司施工总承包，工程于2016年3月开工建设。

地下防水采用卷材防水和防水混凝土两种防水结合。施工时，施工队在防水混凝土终凝后立即进行养护，养护7d后，开始卷材防水施工。卷材防水采用外防外贴法，先铺立面，后铺平面。

屋面采用高聚物改性沥青防水卷材，屋面施工完毕后持续淋水1h后进行检查，并进行了蓄水检验，蓄水时间12h。工程于2017年8月28日竣工验收。在使用至第3年发现屋面有渗漏，学校要求原施工单位进行维修处理。

问题：

1. 屋面渗漏淋水试验和蓄水检查是否符合施工要求？请简要说明。

2. 学校要求原施工单位进行维修处理是否合理？为什么？

3. 地下防水工程施工时哪些工作不合理？应该如何正确操作？

4. 该教学楼屋面防水工程造成渗漏的质量问题可能有哪些？

项目五

建筑装饰装修工程

【教学目标】

（一）知识目标

1. 了解建筑装饰装修工程施工质量控制要点。

2. 熟悉建筑装饰装修工程施工常见质量问题及预防措施。

3. 掌握建筑装饰装修工程验收标准、验收内容和验收方法。

（二）能力目标

1. 能根据《建筑工程施工质量验收统一标准》（GB 50300—2013）、《建筑装饰装修工程施工质量验收标准》（GB 50210—2018）和《建筑地面工程施工质量验收规范》（GB 50209—2010），运用质量验收方法、验收内容等知识，对建筑装饰装修工程进行验收和评定。

2. 能根据建筑装饰装修工程施工方案文件等，对建筑装饰装修工程常见质量问题进行预控。

任务一　建筑地面工程质量控制与验收

建筑地面工程采用的大理石、花岗石、料石等天然石材以及砖、预制板块、地毯、人造板材、胶粘剂、涂料、水泥、砂、石、外加剂等材料或产品应符合现行国家有关室内环境污染控制和放射性、有害物质限量的规定，材料进场时应具有检测报告。

建筑地面工程施工时，各层环境温度的控制应符合材料或产品的技术要求，并应符合下列规定：采用掺有水泥、石灰的拌合料铺设以及用石油沥青胶结料铺贴时，不应低于5℃；采用有机胶粘剂粘贴时，不应低于10℃；采用砂、石材料铺设时，不应低于0℃；采用自流平、涂料铺设时，不应低于5℃，也不应高于30℃。

各类面层的铺设宜在室内装饰工程基本完工后进行。木、竹面层，塑料板面层，活动地板面层，地毯面层的铺设，应待抹灰工程、管道试压等完工后进行。

建筑地面工程的分项工程施工质量检验的主控项目，应达到规范规定的质量标准，认定为合格；一般项目80%以上的检查点（处）符合规范规定的质量要求，其他检查点（处）不得有明显影响使用，且最大偏差值不超过允许偏差值的50%为合格。

地面找平层质量控制与验收

一、基层铺设工程

基层的标高、坡度、厚度等应符合设计要求。基层表面应平整，其允许偏差和检验方法应符合表5-1的规定。

表5-1 基层表面的允许偏差和检验方法

项次	项目	允许偏差/mm														检验方法
		基土	垫层					找平层				填充层		隔离层	绝热层	
						垫层地板										
		土	砂、砂石、碎石、碎砖	灰土、三合土、四合土、炉渣、水泥混凝土、陶粒混凝土	木搁栅	拼花实木地板、拼花实木复合地板、软木类地板面层	其他种类面层	用胶结料做结合层铺设板块面层	用水泥砂浆做结合层铺设板块面层	用胶粘剂做结合层铺设拼花木板、浸渍纸层压木质地板、实木复合地板、竹地板、软木地板面层	金属板面层	松散材料	板、块材料	防水、防潮、防油渗	板块材料、浇筑材料、喷涂材料	
1	表面平整度	15	15	10	3	3	5	3	5	2	3	7	5	3	4	用2m靠尺和楔形塞尺检查
2	标高	0 −50	±20	±10	±5	±5	±8	±5	±8	±4	±4	±4	±4	±4	±4	用水准仪检查
3	坡度	不大于房间相应尺寸的2/1000，且不大于30														用坡度尺检查
4	厚度	在个别地方不大于设计厚度的1/10，且不大于20														用钢尺检查

1. 基土

（1）地面应铺设在均匀密实的基土上。土层结构被扰动的基土应进行换填，并予以压实，压实系数应符合设计要求。

（2）对软弱土层应按设计要求进行处理。

（3）填土应分层摊铺、分层压（夯）实、分层检验其密实度。

（4）填土时应为最优含水量。重要工程或大面积的地面填土前，应取土样，按击实试验确定最优含水量与相应的最大干密度。

2. 灰土垫层

（1）灰土垫层应采用熟化石灰与黏土（或粉质黏土、粉土）的拌合料铺设，其厚度不应小于100mm。

（2）熟化石灰粉可采用磨细生石灰，也可用粉煤灰代替。

（3）灰土垫层应铺设在不受地下水浸泡的基土上。施工后应有防止水浸泡的措施。

（4）灰土垫层应分层夯实，经湿润养护、晾干后方可进行下一道工序施工。

3. 砂垫层和砂石垫层

（1）砂垫层厚度不应小于60mm；砂石垫层厚度不应小于100mm。

（2）砂石应选用天然级配材料。铺设时不应有粗细颗粒分离现象，压（夯）至不松动为止。

4. 找平层

（1）找平层宜采用水泥砂浆或水泥混凝土铺设。当找平层厚度小于30mm时，宜用水泥砂浆做找平层；当找平层厚度不小于30mm时，宜用细石混凝土做找平层。

（2）找平层铺设前，当其下一层有松散填充料时，应予铺平振实。

（3）有防水要求的建筑地面工程，铺设前必须对立管、套管和地漏与楼板节点之间进行密封处理，并应进行隐蔽验收；排水坡度应符合设计要求。

（4）在预制钢筋混凝土板上铺设找平层时，其板端应按设计要求做防裂的构造措施。

5. 隔离层

（1）隔离层材料的防水、防油渗性能应符合设计要求。

（2）在水泥类找平层上铺设卷材类、涂料类防水、防油渗隔离层时，其表面应坚固、洁净、干燥。铺设前，应涂刷基层处理剂。基层处理剂应采用与卷材性能相容的配套材料或采用与涂料性能相容的同类涂料的底子油。

（3）当采用掺有防渗外加剂的水泥类隔离层时，其配合比、强度等级、外加剂的复合掺量应符合设计要求。

（4）铺设隔离层时，在管道穿过楼板面四周，防水、防油渗材料应向上铺涂，并超过套管的上口；在靠近柱、墙处，应高出面层200~300mm或按设计要求的高度铺涂。阴阳角和管道穿过楼板面的根部应增加铺涂附加防水、防油渗隔离层。

（5）防水隔离层铺设后，应进行蓄水检验，并做记录。

6. 填充层

（1）填充层材料的密度和导热系数应符合设计要求。

（2）填充层的下一层表面应平整。当为水泥类时，还应洁净、干燥，并不得有空鼓、裂缝和起砂等缺陷。

（3）采用松散材料铺设填充层时，应分层铺平拍实；采用板、块状材料铺设填充层时，应分层错缝铺贴。

7. 绝热层

（1）绝热层材料的性能、品种、厚度、构造做法应符合设计要求和现行国家有关标准的规定。

（2）建筑物室内接触基土的首层地面应增设水泥混凝土垫层后方可铺设绝热层，垫层的厚度及强度等级应符合设计要求。首层地面及楼层楼板铺设绝热层前，表面平整度宜控制在3mm以内。

（3）有防水、防潮要求的地面，宜在防水、防潮隔离层施工完毕并验收合格后再铺设绝热层。

（4）穿越地面进入非采暖保温区域的金属管道应采取隔断热桥的措施。

（5）绝热层与地面面层之间应设有水泥混凝土结合层，构造做法及强度等级应符合设计要求。设计无要求时，水泥混凝土结合层的厚度不应小于30mm，层内应设置间距不大于200mm×200mm的ϕ6mm钢筋网片。

基层铺设工程的质量检验标准见表5-2。

表5-2　基层铺设工程的质量检验标准

项	序	项目	检验标准及要求	检验方法	检查数量
主控项目	1	基土	基土不应用淤泥、腐殖土、冻土、耕植土、膨胀土和建筑杂物作为填土，填土土块的粒径不应大于50mm	观察检查和检查土质记录	符合表注1要求
			基土应均匀密实，压实系数应符合设计要求，设计无要求时，不应小于0.9	观察检查和检查试验记录	
			I类建筑基土的氡浓度应符合现行国家标准《民用建筑工程室内环境污染控制标准》GB 50325的规定	检查检测报告	同一工程、同一土源地点检查一组
	2	灰土垫层	灰土体积比应符合设计要求	观察检查和检查配合比试验报告	同一工程、同一体积比检查一项
	3	砂垫层和砂石垫层	砂和砂石不应含有草根等有机杂质；砂应采用中砂；石子最大粒径不应大于垫层厚度的2/3	观察检查和检查质量合格证明文件	符合表注1要求
			砂垫层和砂石垫层的干密度（或贯入度）应符合设计要求	观察检查和检查试验记录	
	4	找平层	找平层采用碎石或卵石的粒径不应大于其厚度的2/3，含泥量不应大于2%；砂为中粗砂，其含泥量不应大于3%	观察检查和检查质量合格证明文件	同一工程、同一强度等级、同一配合比检查一次
			水泥砂浆体积比、水泥混凝土强度等级应符合设计要求，且水泥砂浆体积比不应小于1:3（或相应强度等级）；水泥混凝土强度等级不应小于C15	观察检查和检查配合比试验报告、强度等级检测报告	符合表注2要求
			有防水要求的建筑地面工程的主管、套管、地漏处不应渗漏、坡向应正确、无积水	观察检查和蓄水、泼水检验及坡度尺检查	符合表注1要求
			在有防静电要求的整体面层的找平层施工前，其下敷设的导电地网系统应与接地引下线和地下接电体有可靠连接，经电性能检测且符合相关要求后进行隐蔽工程验收	观察检查和检查质量合格证明文件	

（续）

项	序	项目	检验标准及要求	检验方法	检查数量
主控项目	5	隔离层	隔离层材料应符合设计要求和现行国家有关标准的规定	观察检查和检查型式检验报告、出厂检验报告、出厂合格证	同一工程、同一材料、同一生产厂家、同一型号、同一规格、同一批号检查一次
			卷材类、涂料类隔离层材料进入施工现场，应对材料的主要物理性能指标进行复验	检查复验报告	执行现行国家标准《屋面工程质量验收规范》GB 50207的有关规定
			厨浴间和有防水要求的建筑地面必须设置防水隔离层。楼层结构必须采用现浇混凝土或整块预制混凝土板，混凝土强度等级不应小于C20；房间的楼板四周除门洞外应做混凝土翻边，高度不应小于200mm，宽同墙厚，混凝土强度等级不应小于C20。施工时结构层标高和预留孔洞位置应准确，严禁乱凿洞	观察和钢尺检查	符合表注1要求
			水泥类防水隔离层的防水等级和强度等级应符合设计要求	观察检查和检查防水等级检测报告、强度等级检测报告	符合表注2要求
			防水隔离层严禁渗漏，排水的坡向应正确、排水通畅	观察检查和蓄水、泼水检验、坡度尺检查及检查验收记录	符合表注1要求
	6	填充层	填充层材料应符合设计要求和现行国家有关标准的规定	观察检查和检查质量合格证明文件	同一工程、同一材料、同一生产厂家、同一型号、同一规格、同一批号检查一次
			填充层的厚度、配合比应符合设计要求	用钢尺检查和检查配合比试验报告	符合表注1要求
			对填充材料接缝有密闭要求的应密封良好	观察检查	
	7	绝热层	绝热层材料应符合设计要求和现行国家有关标准的规定	观察检查和检查型式检验报告、出厂检验报告、出厂合格证	同一工程、同一材料、同一生产厂家、同一型号、同一规格、同一批号检查一次
			绝热层材料进入施工现场时，应对材料的导热系数、表观密度、抗压强的或压缩强度、阻燃性进行复验	检查复验报告	
			绝热层的板块材料应采用无缝铺贴法铺设，表面应平整	观察检查、楔形塞尺检查	符合表注1要求

（续）

项	序	项目	检验标准及要求	检验方法	检查数量
一般项目	1	基土	基土表面的允许偏差应符合表5-1的规定	见表5-1	符合表注1要求
	2	灰土垫层	熟化石灰颗粒粒径不应大于5mm；黏土（或粉质黏土、粉土）内不得含有有机物质，颗粒粒径不应大于16mm	观察检查和检查质量合格证明文件	
			灰土垫层表面的允许偏差应符合表5-1的规定	见表5-1	
	3	砂垫层和砂石垫层	表面不应有砂窝、石堆等现象	观察检查	
			砂垫层和砂石垫层表面的允许偏差应符合表5-1的规定	见表5-1	
	4	找平层	找平层与其下一层结合应牢固，不应有空鼓	用小锤轻击检查	
			找平层表面应密实，不应有起砂、蜂窝和裂缝等缺陷	观察检查	
			找平层表面的允许偏差应符合表5-1的规定	见表5-1	
	5	隔离层	隔离层厚度应符合设计要求	观察检查和用钢尺、卡尺检查	
			隔离层与其下一层应粘结牢固，不应有空鼓；防水涂层应平整、均匀，无脱皮、起壳、裂缝、鼓泡等缺陷	用小锤轻击检查和观察检查	
			隔离层表面的允许偏差应符合表5-1的规定	见表5-1	
	6	填充层	松散材料填充层铺设应密实；板块状材料填充层应压实、无翘曲	观察检查	
			填充层的坡度应符合设计要求，不应有倒泛水和积水现象	观察和采用泼水或用坡度尺检查	
			填充层表面的允许偏差应符合表5-1的规定	见表5-1	
			用作隔声的填充层，其表面的允许偏差应符合表5-1中“隔离层”的规定	按表5-1中“隔离层”的检验方法检验	
	7	绝热层	绝热层的厚度应符合设计要求，不应出现负偏差，表面应平整	直尺或钢尺检查	
			绝热层表面应无开裂	观察检查	
			绝热层与地面面层之间的水泥混凝土结合层或水泥砂浆找平层，表面应平整，允许偏差应符合表5-1中“找平层”的规定	按表5-1中“找平层”的检验方法检验	

注：1. 每检验批应以各子分部工程的基层（各构造层）和各类面层所划分的分项工程按自然间（或标准间）检验，抽查数量应随机检验不应少于3间；不足3间，应全数检查；其中走廊（过道）应以10延长米为1间，工业厂房（按单跨计）、礼堂、门厅应以两个轴线为1间计算；有防水要求的建筑地面子分部工程的分项工程施工质量每检验批抽查数量应按其房间总数随机检验不应少于4间，不足4间，应全数检查。

2. 强度等级检测报告按检验同一施工批次、同一配合比水泥混凝土和水泥砂浆强度的试块，应按每一层（或检验批）建筑地面工程不少于1组。当每一层（或检验批）建筑地面工程面积大于1000m^{2}时，每增加1000m^{2}应增做1组试块；小于1000m^{2}按1000m^{2}计算，取样1组；检验同一施工批次、同一配合比的散水、明沟、踏步、台阶、坡度的水泥混凝土、水泥砂浆强度的试块，应按每150延长米不少于1组。

二、整体面层铺设工程

铺设整体面层时，水泥类基层的抗压强度不得小于 1.2MPa；表面应粗糙、洁净、湿润并不得有积水。铺设前宜凿毛或涂刷界面剂。整体面层施工后，养护时间不应少于 7d；抗压强度应达到 5MPa 后方准上人行走；抗压强度应达到设计要求后，方可正常使用。

当采用掺有水泥拌合料做踢脚线时，不得用石灰混合砂浆打底。水泥类整体面层的抹平工作应在水泥初凝前完成，压光工作应在水泥终凝前完成。

整体面层的允许偏差和检验方法应符合表 5-3 的规定。

表 5-3　整体面层的允许偏差和检验方法

项次	项　　目	允许偏差/mm				检 验 方 法
		水泥混凝土面层	水泥砂浆面层	普通水磨石面层	高级水磨石面层	
1	表面平整度	5	4	3	2	用 2m 靠尺和楔形塞尺检查
2	踢脚线上口平直	4	4	3	3	拉 5m 线和用钢尺检查
3	缝格顺直	3	3	3	2	

水泥混凝土面层厚度应符合设计要求，水泥混凝土面层铺设不得留设施工缝。当施工间隙超过允许时间规定时，应对接槎处进行处理。

水泥砂浆面层的厚度应符合设计要求，且不应小于 20mm。基层应清理干净，表面应粗糙，湿润并不得有积水。

水磨石面层应采用水泥与石粒拌合料铺设，有防静电要求时，拌合料内应按设计要求掺入导电材料。面层厚度除有特殊要求外，宜为 12~18mm，且宜按石粒粒径确定。水磨石面层的颜色和图案应符合设计要求。水磨石面层的结合层采用水泥砂浆时，强度等级应符合设计要求且不应小于 M10，稠度宜为 30~35mm。普通水磨石面层磨光遍数不应少于 3 遍。高级水磨石面层的厚度和磨光遍数应由设计确定。

整体面层铺设工程的质量检验标准见表 5-4。

表 5-4　整体面层铺设工程的质量检验标准

项	序	项目	检验标准及要求	检 验 方 法	检 查 数 量
主控项目	1	水泥混凝土面层	水泥混凝土采用的粗骨料，最大粒径不应大于面层厚度的 2/3，细石混凝土面层采用的石子粒径不应大于 16mm	观察检查和检查质量合格证明文件	同一工程、同一强度等级、同一配合比检查一次
			防水水泥混凝土中掺入外加剂的技术性能应符合现行国家有关标准的规定，外加剂的品种和掺量应经试验确定	检查外加剂合格证明文件和配合比试验报告	同一工程、同一品种、同一掺量检查一次
			面层的强度等级应符合设计要求，且强度等级不应小于 C20	检查配合比试验报告和强度等级检测报告	符合表 5-2 表注 2 的要求
			面层与下一层应结合牢固，且应无空鼓和开裂。当出现空鼓时，空鼓面积不应大于 $400cm^2$，且每自然间或标准间不应多于 2 处	观察和用小锤轻击检查	符合表 5-2 表注 1 的要求

（续）

项	序	项目	检验标准及要求	检验方法	检查数量
主控项目	2	水泥砂浆面层	水泥宜采用硅酸盐水泥、普通硅酸盐水泥，不同品种、不同强度等级的水泥不应混用；砂应为中粗砂，当采用石屑时，其粒径应为1~5mm，且含泥量不应大于3%；防水水泥砂浆采用的砂或石屑，其含泥量不应大于1%	观察检查和检查质量合格证明文件	同一工程、同一强度等级、同一配合比检查一次
			防水水泥砂浆中掺入外加剂的技术性能应符合现行国家有关标准的规定，外加剂的品种和掺量应经试验确定	观察检查和检查质量合格证明文件、配合比试验报告	同一工程、同一强度等级、同一配合比、同一外加剂品牌、同一掺量检查一次
			水泥砂浆的体积比（强度等级）应符合设计要求，且体积比应为1:2，强度等级不应小于M15	检查强度等级检测报告	符合表5-2表注2的要求
			有排水要求的水泥砂浆地面坡向应正确，排水通畅；防水水泥砂浆面层不应渗漏	观察检查和蓄水、泼水检验或坡度尺检查及检查检验记录	符合表5-2表注1的要求
			面层与下一层应结合牢固，且应无空鼓和开裂。当出现空鼓时，空鼓面积不应大于400cm^2，且每自然间或标准间不应多于2处	观察和用小锤轻击检查	
	3	水磨石面层	水磨石面层的石粒应采用白云石、大理石等岩石加工而成，石粒应洁净无杂物，其粒径除特殊要求外应为6~16mm；颜料应采用耐光、耐碱的矿物原料，不得使用酸性颜料	观察检查和检查质量合格证明文件	同一工程、同一体积比检查一次
			水磨石面层拌合料的体积比应符合设计要求，且水泥与石粒的比例应为1:1.5~1:2.5	检查配合比试验报告	符合表5-2表注1的要求
			防静电水磨石面层应在施工前及施工完成表面干燥后进行接地电阻和表面电阻测试，并应做好记录	检查施工记录和检测报告	
			面层与下一层应结合牢固，且应无空鼓和开裂。当出现空鼓时，空鼓面积不应大于400cm^2，且每自然间或标准间不应多于2处	观察和用小锤轻击检查	

（续）

项	序	项目	检验标准及要求	检验方法	检查数量
一般项目	1	水泥混凝土面层	面层表面应洁净，不应有裂纹、脱皮、麻面、起砂等缺陷	观察检查	符合表5-2表注1的要求
			面层表面的坡度应符合设计要求，不应有倒泛水和积水现象		
			踢脚线与柱、墙面应紧密结合，踢脚线高度和出柱、墙厚度应符合设计要求且均匀一致。当出现空鼓时，局部空鼓长度不应大于300mm，且每自然间或标准间不应多于2处	用小锤轻击、钢尺和观察检查	
			楼梯、台阶踏步的宽度、高度应符合设计要求。楼层梯段相邻踏步高度差不应大于10mm；每踏步两端宽度差不应大于10mm，旋转楼梯梯段每踏步两端宽度允许偏差不应大于5mm。踏步面层应做防滑处理，齿角应整齐，防滑条应顺直牢固	观察和用钢尺检查	
			水泥混凝土面层的允许偏差应符合表5-3的规定	见表5-3	
	2	水泥砂浆面层	面层表面的坡度应符合设计要求，不应有倒泛水和积水现象	观察和采用泼水或坡度尺检查	符合表5-2表注1的要求
			面层表面应洁净，不应有裂纹、脱皮、麻面、起砂等现象	观察检查	
			踢脚线与柱、墙面应紧密结合，踢脚线高度和出柱、墙厚度应符合设计要求且均匀一致。当出现空鼓时，局部空鼓长度不应大于300mm，且每自然间或标准间不应多于2处	用小锤轻击、钢尺和观察检查	
			楼梯、台阶踏步的宽度、高度应符合设计要求。楼层梯段相邻踏步高度差不应大于10mm；每踏步两端宽度差不应大于10mm，旋转楼梯梯段每踏步两端宽度允许偏差不应大于5mm。踏步面层应做防滑处理，齿角应整齐，防滑条应顺直牢固	观察和用钢尺检查	
			水泥砂浆面层的允许偏差应符合表5-3的规定	见表5-3	
	3	水磨石面层	面层表面应光滑，且应无裂纹、砂眼和磨痕；石粒应密实，显露应均匀；颜色图案应一致，不混色；分格条应牢固、顺直和清晰	观察检查	符合表5-2表注1的要求
			踢脚线与柱、墙面应紧密结合，踢脚线高度和出柱、墙厚度应符合设计要求且均匀一致。当出现空鼓时，局部空鼓长度不应大于300mm，且每自然间或标准间不应多于2处	用小锤轻击、钢尺和观察检查	

（续）

项	序	项目	检验标准及要求	检验方法	检查数量
一般项目	3	水磨石面层	楼梯、台阶踏步的宽度、高度应符合设计要求。楼层梯段相邻踏步高度差不应大于 10mm；每踏步两端宽度差不应大于 10mm，旋转楼梯梯段每踏步两端宽度允许偏差不应大于 5mm。踏步面层应做防滑处理，齿角应整齐，防滑条应顺直牢固	观察和用钢尺检查	符合表 5-2 表注 1 的要求
			水磨石面层的允许偏差应符合表 5-3 的规定	见表 5-3	

三、板块面层铺设工程

大理石面层和花岗石面层质量控制与检验

铺设板块面层时，水泥类基层的抗压强度不得小于 1.2MPa。

铺设水泥混凝土板块、水磨石板块、人造石板块、陶瓷锦砖、陶瓷地砖、缸砖、水泥花砖、料石、大理石、花岗石等面层的结合层和填缝材料采用水泥砂浆时，在面层铺设后，表面应覆盖、湿润，养护时间不应少于 7d。当板块面层的水泥砂浆结合层的抗压强度达到设计要求后，方可正常使用。

大面积板块面层的伸、缩缝及分格缝应符合设计要求。板块类踢脚线施工时，不得采用混合砂浆打底。

板块面层的允许偏差和检验方法应符合表 5-5 的规定。

表 5-5 板块面层的允许偏差和检验方法

项次	项目	允许偏差/mm											检验方法
		陶瓷锦砖面层、高级水磨石板、陶瓷地砖面层	缸砖面层	水泥花砖面层	水磨石板块面层	大理石面层、花岗石面层、人造石面层、金属板面层	塑料板面层	水泥混凝土板块面层	碎拼大理石、碎拼花岗石面层	活动地板面层	条石面层	块石面层	
1	表面平整度	2.0	4.0	3.0	3.0	1.0	2.0	4.0	3.0	2.0	10	10	用 2m 靠尺和楔形塞尺检查
2	缝格平直	3.0	3.0	3.0	3.0	2.0	3.0	3.0	—	2.5	8.0	8.0	拉 5m 线和用钢尺检查
3	接缝高低差	0.5	1.5	0.5	1	0.5	0.5	1.5	—	0.4	2	—	用钢尺和楔形塞尺检查
4	踢脚线上口平直	3.0	4.0	—	4.0	1.0	2.0	4.0	1.0	—	—	—	拉 5m 线和用钢尺检查
5	板块间隙宽度	2.0	2.0	2.0	2.0	1.0	—	6.0	—	0.3	5.0	—	用钢尺检查

在水泥砂浆结构层上铺贴缸砖、陶瓷地砖和水泥花砖面层前，应对砖的规格尺寸、外观质量、色泽等进行预选；需要时，浸水湿润晾干待用；勾缝和压缝应采用同品种、同强度等级、同颜色的水泥，并做养护和保护。在水泥砂浆结合层上铺贴陶瓷锦砖面层时，砖底面应洁净，每联陶瓷锦砖之间、与结合层之间以及在墙角、镶边和靠柱、墙处应紧密贴合。在靠柱、墙处不得采用砂浆填补。

大理石、花岗石面层采用天然大理石、花岗石（或碎拼大理石、碎拼花岗石）板材，应在结合层上铺设。板材有裂缝、掉角、翘曲和表面有缺陷时应予剔除，品种不同的板材不得混杂使用；在铺设前，应根据石材的颜色、花纹、图案、纹理等按设计要求，试拼编号。铺设大理石、花岗石面层前，板材应浸湿、晾干；结合层与板材应分段同时铺设。

板块面层铺设工程的质量检验标准见表 5-6。

表 5-6 板块面层铺设工程的质量检验标准

项	序	项目	检验标准及要求	检验方法	检查数量
主控项目	1	砖面层	砖面层所用板块产品应符合设计要求和现行国家有关标准的规定	观察检查和检查型式检验报告、出厂检验报告、出厂合格证	同一工程、同一材料、同一生产厂家、同一型号、同一规格、同一批号检查一次
			砖面层所用板块产品进入施工现场时，应有放射性限量合格的检测报告	检查检测报告	
			面层与下一层应结合（粘结）牢固，无空鼓（单块砖边角允许有局部空鼓，但每自然间或标准间的空鼓砖不应超过总数的 5%）	用小锤轻击检查	符合表 5-2 表注 1 的要求
	2	大理石面层和花岗石面层	大理石、花岗石面层所用板块产品应符合设计要求和现行国家有关标准的规定	观察检查和检查质量合格证明文件	同一工程、同一材料、同一生产厂家、同一型号、同一规格、同一批号检查一次
			大理石、花岗石面层所用板块产品进入施工现场时，应有放射性限量合格的检测报告	检查检测报告	
			面层与下一层应结合牢固，无空鼓（单块板块边角允许有局部空鼓，但每自然间或标准间的空鼓板块不应超过总数的 5%）	用小锤轻击检查	符合表 5-2 表注 1 的要求
一般项目	1	砖面层	面层表面应洁净、图案清晰，色泽应一致，接缝应平整，深浅应一致，周边应顺直。板块应无裂纹、掉角和缺棱等缺陷	观察检查	符合表 5-2 表注 1 的要求
			面层邻接处的镶边用料及尺寸应符合设计要求，边角应整齐、光滑	观察和用钢尺检查	
			踢脚线表面应洁净，与柱、墙面结合应牢固。踢脚线高度和出柱、墙厚度应符合设计要求且均匀一致	观察和用小锤轻击及钢尺检查	
			楼梯、台阶踏步的宽度、高度应符合设计要求。踏步板块的缝隙宽度应一致；楼层梯段相邻踏步高度差不应大于 10mm；每踏步两端宽度差不应大于 10mm，旋转楼梯梯段的每踏步两端宽度的允许偏差不应大于 5mm。踏步面层应做防滑处理，齿角应整齐，防滑条应顺直、牢固	观察和用钢尺检查	

（续）

项	序	项目	检验标准及要求	检验方法	检查数量
一般项目	1	砖面层	面层表面的坡度应符合设计要求，不倒泛水、无积水；与地漏、管道结合处应严密牢固，无渗漏	观察、泼水或用坡度尺及蓄水检查	符合表5-2表注1的要求
			面层的允许偏差应符合表5-5的规定	见表5-5	
	2	大理石面层和花岗石面层	大理石、花岗石面层铺设前，板块的背面和侧面应进行防碱处理	观察检查和检查施工记录	符合表5-2表注1的要求
			面层表面应洁净、平整、无磨痕，且应图案清晰，色泽一致，接缝均匀，周边顺直，镶嵌正确，板块应无裂纹、掉角和缺棱等缺陷	观察检查	
			踢脚线表面应洁净，与柱、墙面结合应牢固。踢脚线高度和出柱、墙厚度应符合设计要求且均匀一致	观察和用小锤轻击及钢尺检查	
			楼梯、台阶踏步的宽度、高度应符合设计要求。踏步板块的缝隙宽度应一致；楼层梯段相邻踏步高度差不应大于10mm；每踏步两端宽度差不应大于10mm，旋转楼梯梯段的每踏步两端宽度的允许偏差不应大于5mm。踏步面层应做防滑处理，齿角应整齐，防滑条应顺直、牢固	观察和用钢尺检查	
			面层表面的坡度应符合设计要求，不倒泛水、无积水；与地漏、管道结合处应严密牢固，无渗漏	观察、泼水或用坡度尺及蓄水检查	
			面层的允许偏差应符合表5-5的规定	见表5-5	

四、建筑地面工程施工常见问题

1. 找平层不密实、强度低

（1）现象：水泥类（水泥砂浆、水泥混凝土）找平层表面不密实，孔隙较多，强度等级达不到设计要求。

（2）原因分析：

1）思想上重视不够，误认为找平层仅仅起找平作用，因而在配料、搅拌、铺设、振捣等各个施工环节的操作上都比较马虎。

2）因找平层厚度较薄，设计强度等级又偏低（通常为C20），施工操作有一定难度。

3）铺设找平层前，基层表面湿润不够；铺设找平层时，又未认真刷水泥浆。铺设后，拌合料失水过快，影响找平层的密实度和强度。

（3）预防措施：

1）思想上重视，找平层是建筑地面结构中的一个重要构造层，施工质量的好坏，将直接影响到面层和地面整体结构的质量。

2）重视施工交底和检查督促工作，使找平层施工在配料、搅拌、铺设、振捣和平整等

各个施工环节都能认真重视，确保施工质量。

3）重视基层清洗湿润工作，铺设前，应刷水胶比为0.4~0.5的纯水泥浆一道，加强找平层与基层的粘结力。振捣结束时若发现表面不密实、孔隙较多的情况，应适当补足水泥浆，使表面层达到平整、密实的要求。

（4）治理办法：一般情况下，表面可补抹一层水泥净浆，清除表面层孔隙，增强表面层强度。当质量差距较大时，应返工处理。

2. 地面裂缝

（1）现象：不规则裂缝部位不固定，形状也不一，预制板楼地面或现浇板楼地面上都会出现，有表面裂缝，也有连底裂缝。

（2）原因分析：

1）水泥安定性差或采用不同品种、不同强度等级的水泥混杂使用，凝结硬化的时间以及凝结硬化时的收缩量不同而造成面层裂缝。

2）砂子粒径过细，或含泥量过大，使拌合物的强度低。

3）面层养护不及时或不养护，产生收缩裂缝。

4）水泥砂浆过稀或搅拌不均匀，则砂浆的抗拉强度降低，影响砂浆与基层的粘结。

5）配合比不准确，垫层质量差；混凝土振捣不实，接槎不严；地面填土局部标高不够或是过高，削弱垫层的承载力而引起面层裂缝。

6）面积较大的楼地面未留伸缩缝，因温度变化而产生较大的胀缩变形，使地面产生裂缝。

（3）防治措施：

1）重视原材料质量。

2）保证垫层厚度和配合比的准确性，振捣要密实，表面要平整，接槎要严密。

3）水泥砂浆终凝后，应及时用湿砂或湿草袋覆盖养护，防止产生早期收缩裂缝。

4）面积较大的水泥砂浆（或混凝土）楼地面，应从垫层开始设置变形缝。室内一般设置纵、横向缩缝，其间距和形式应符合设计要求。

（4）治理方法：对于尚在继续开展的“活裂缝”，如为了避免水或其他液体渗过楼板而造成危害，可采用柔性材料（如沥青胶泥、嵌缝油膏等）作裂缝封闭处理。对于已经稳定的裂缝，则应根据裂缝的严重程度作如下处理：

1）裂缝细微，无空鼓现象，且地面无液体流淌时，一般可不作处理。

2）裂缝宽度在0.5mm以上时，可作水泥浆封闭处理，先将裂缝内的灰尘冲洗干净，晾干后，用纯水泥浆（可适量掺些108胶）嵌缝。嵌缝后加强养护，常温下养护3d，然后用细砂轮在裂缝处轻轻磨平。

3）裂缝涉及结构受力时，则应根据使用情况，结合结构加固一并进行处理。

例题5-1答案

【例题5-1】 某既有综合楼装修改造工程共9层，层高3.6m。地面工程施工中，卫生间地面防水材料铺设后，做蓄水试验：蓄水时间24h，深度18mm；大厅花岗石地面出现不规则花斑。

问题：指出地面工程施工中哪些做法不正确，并写出正确的施工方法。

任务二　抹灰工程质量控制与验收

抹灰工程验收时应检查抹灰工程的施工图、设计说明及其他设计文件；材料的产品合格证书、性能检测报告、进场验收记录和复验报告；隐蔽工程验收记录；施工记录。

抹灰工程应对砂浆的拉伸粘结强度和聚合物砂浆的保水率进行复验。抹灰工程应对抹灰总厚度大于或等于 35mm 时的加强措施和不同材料基体交接处的加强措施等隐蔽工程项目进行验收。

各分项工程的检验批应按下列规定划分：相同材料、工艺和施工条件的室外抹灰工程每 $1000m^2$ 应划分为一个检验批，不足 $1000m^2$ 也应划分为一个检验批；相同材料、工艺和施工条件的室内抹灰工程每 50 个自然间应划分为一个检验批，不足 50 间也应划分为一个检验批，大面积房间和走廊可按抹灰面积每 $30m^2$ 计为一间。

一、一般抹灰工程

一般抹灰工程质量控制与检验

当要求抹灰层具有防水、防潮功能时，应采用防水砂浆。各种砂浆抹灰层，在凝结前应防止快干、水冲、撞击、振动和受冻，在凝结后应采取措施防止沾污和损坏，水泥砂浆抹灰层应在湿润条件下养护。

外墙和顶棚的抹灰层与基层之间及各抹灰层之间必须粘结牢固。外墙抹灰工程施工前应先安装钢木门窗框、护栏等，应将墙上的施工孔洞堵塞密实，并对基层进行处理。室内墙面、柱面和门洞口的阳角做法应符合设计要求，设计无要求时，应采用不低于 M20 水泥砂浆做护角，其高度不应低于 2m，每侧宽度不应小于 50mm。

一般抹灰工程的质量检验标准见表 5-7。

表 5-7　一般抹灰工程的质量检验标准

项	序	项目	检验标准及要求	检查方法	检查数量
主控项目	1	基层表面	抹灰前基层表面的尘土、污垢、油渍等应清除干净，并应洒水润湿或进行界面处理	检查施工记录	室内每个检验批应至少抽查 10% 并不得少于 3 间，不足 3 间时应全数检查；室外每个检验批每 $100m^2$ 应至少抽查一处，每处不得小于 $10m^2$
	2	材料品种和性能	应符合设计要求及现行国家标准的有关规定	检查产品合格证书、进场验收记录、性能检验报告和复验报告	
	3	操作要求	抹灰工程应分层进行。当抹灰总厚度大于或等于 35mm 时，应采取加强措施。不同材料基体交接处表面的抹灰，应采取防止开裂的加强措施，当采用加强网时，加强网与各基体的搭接宽度不应小于 100mm	检查隐蔽工程验收记录和施工记录	
	4	层间及层面要求	抹灰层与基层之间及各抹灰层之间必须粘结牢固，抹灰层应无脱层和空鼓，面层应无爆灰和裂缝	观察；用小锤轻击检查；检查施工记录	

（续）

<table>
<tr><th>项</th><th>序</th><th>项　目</th><th>检验标准及要求</th><th>检查方法</th><th>检查数量</th></tr>
<tr><td rowspan="6">一般项目</td><td>1</td><td>表面质量</td><td>一般抹灰工程的表面质量应符合下列规定：
（1）普通抹灰表面应光滑、洁净、接槎平整、分格缝应清晰
（2）高级抹灰表面应光滑、洁净、颜色均匀、无抹纹、分格缝和灰线应清晰美观</td><td>观察；手摸检查</td><td rowspan="6">同主控项目</td></tr>
<tr><td>2</td><td>细部质量</td><td>护角、孔洞、槽、盒周围的抹灰表面应整齐、光滑；管道后面的抹灰表面应平整</td><td>观察</td></tr>
<tr><td>3</td><td>层总厚度及层间材料</td><td>抹灰层的总厚度应符合设计要求；水泥砂浆不得抹在石灰砂浆层上；罩面石膏灰不得抹在水泥砂浆层上</td><td>检查施工记录</td></tr>
<tr><td>4</td><td>分格缝</td><td>抹灰分格缝的设置应符合设计要求，宽度和深度应均匀，表面应光滑，棱角应整齐</td><td rowspan="2">观察；尺量检查</td></tr>
<tr><td>5</td><td>滴水线（槽）</td><td>有排水要求的部位应做滴水线（槽）。滴水线（槽）应整齐顺直，滴水线应内高外低，滴水槽的宽度和深度均不应小于10mm</td></tr>
<tr><td>6</td><td>允许偏差</td><td>一般抹灰工程质量的允许偏差和检验方法应符合表5-8的规定</td><td>见表5-8</td></tr>
</table>

表5-8　一般抹灰工程质量的允许偏差和检验方法

<table>
<tr><th rowspan="2">项次</th><th rowspan="2">项　目</th><th colspan="2">允许偏差/mm</th><th rowspan="2">检验方法</th></tr>
<tr><th>普通抹灰</th><th>高级抹灰</th></tr>
<tr><td>1</td><td>立面垂直度</td><td>4</td><td>3</td><td>用2m垂直检测尺检查</td></tr>
<tr><td>2</td><td>表面平整度</td><td>4</td><td>3</td><td>用2m靠尺和塞尺检查</td></tr>
<tr><td>3</td><td>阴阳角方正</td><td>4</td><td>3</td><td>用200mm直角检测尺检查</td></tr>
<tr><td>4</td><td>分格条（缝）直线度</td><td>4</td><td>3</td><td rowspan="2">拉5m线，不足5m拉通线，用钢直尺检查</td></tr>
<tr><td>5</td><td>墙裙、勒脚上口直线度</td><td>4</td><td>3</td></tr>
</table>

注：1. 普通抹灰，本表第3项阴阳角方正可不检查。
　　2. 顶棚抹灰，本表第2项表面平整度可不检查，但应平顺。

二、装饰抹灰工程

装饰抹灰工程质量控制点同一般抹灰工程质量控制点。

装饰抹灰工程的质量检验标准见表5-9。

表 5-9 装饰抹灰工程的质量检验标准

项	序	项目	检验标准及要求	检查方法	检查数量
主控项目	1	基层表面	抹灰前基层表面的尘土、污垢、油渍等应清除干净，并应洒水润湿	检查施工记录	室内每个检验批应至少抽查 10%并不得少于3间，不足 3 间时应全数检查；室外每个检验批每 $100m^2$ 应至少抽查一处，每处不得小于 $10m^2$
	2	材料品种和性能	应符合设计要求及现行国家标准的有关规定	检查产品合格证书、进场验收记录、性能检验报告和复验报告	
	3	操作要求	抹灰工程应分层进行。当抹灰总厚度大于或等于 35mm 时，应采取加强措施。不同材料基体交接处表面的抹灰，应采取防止开裂的加强措施，当采用加强网时，加强网与各基体的搭接宽度不应小于 100mm	检查隐蔽工程验收记录和施工记录	
	4	层间及层面要求	抹灰层与基层之间及各抹灰层之间必须粘结牢固，抹灰层应无脱层、空鼓	观察；用小锤轻击检查；检查施工记录	
一般项目	1	表面质量	装饰抹灰工程的表面质量应符合下列规定： （1）水刷石表面应石粒清晰、分布均匀、紧密平整、色泽一致，应无掉粒和接槎痕迹 （2）斩假石表面剁纹应均匀顺直、深浅一致，应无漏剁处；阳角处应横剁并留出宽窄一致的不剁边条，棱角应无损坏 （3）干粘石表面应色泽一致、不露浆、不漏粘，石粒应粘结牢固、分布均匀，阳角处应无明显黑边 （4）假面砖表面应平整、沟纹清晰、留缝整齐、色泽一致，应无掉角、脱皮、起砂等缺陷	观察；手摸检查	同主控项目
	2	分格缝	装饰抹灰分格（条）缝的设置应符合设计要求，宽度和深度应均匀，表面应光滑，棱角应整齐	观察	
	3	滴水线（槽）	有排水要求的部位应做滴水线（槽）。滴水线（槽）应整齐顺直，滴水线应内高外低，滴水槽的宽度和深度均不应小于 10mm	观察；尺量检查	
	4	允许偏差	装饰抹灰工程质量的允许偏差和检验方法应符合表 5-10 的规定	见表 5-10	

表 5-10 装饰抹灰工程质量的允许偏差和检验方法

项次	项目	允许偏差/mm				检验方法
		水刷石	斩假石	干粘石	假面砖	
1	立面垂直度	5	4	5	5	用 2m 垂直检测尺检查
2	表面平整度	3	3	5	4	用 2m 靠尺和塞尺检查
3	阳角方正	3	3	4	4	用 200mm 直角检测尺检查
4	分格条（缝）直线度	3	3	3	3	拉 5m 线，不足 5m 拉通线，用钢直尺检查
5	墙裙、勒脚上口直线度	3	3	—	—	拉 5m 线，不足 5m 拉通线，用钢直尺检查

三、抹灰工程施工常见问题

1. 爆灰、裂纹、斑点

（1）原因分析：底灰混合砂浆中的白灰颗粒没有完全熟化，或将回收落地灰直接掺入新砂浆中，没有二次筛选搅拌。未熟化白灰颗粒上墙吸水后膨胀形成爆灰；基层湿润不够或底灰未达到一定干度而上面灰，底灰、面灰层同时干缩也会造成墙面裂纹；基层未处理干净，白灰膏污染，和灰不均匀，造成墙面斑点。

（2）防治措施：严把材料关，白灰浸闷不少于两周；落地灰利用必须二次筛选并搅拌，上面灰前墙面提前充分湿润，上灰均匀、压实，完成后注意封闭保护。

2. 上下水、散热器管背后墙面与其根部抹灰粗糙、甚至漏抹

（1）原因分析：安装管线前，未能安排人员将管背后墙面预先抹出，直到管线安装后造成抹灰操作困难。

（2）防治措施：工种交接要规定质量标准，达不到标准的，下道工序不予接收，在进行转工种作业或进行下道工序时，应认真检查，不具备下道工序作业条件时，不安排下道工序人员上岗。

【例题 5-2】 某大型剧院拟进行维修改造，某装饰装修工程公司在公开招标投标过程中获得了该维修改造任务，合同工期为 5 个月，合同价款为 1800 万元。

1. 抹灰工程基层处理的施工过程部分记录如下：

（1）在抹灰前对基层表面做了清除。

（2）室内墙面、柱面和门窗洞口的阳角做法符合设计要求。

2. 工程师对抹灰工程施工质量控制的要点确定如下：

（1）抹灰用的石灰膏的熟化期不应小于 3d。

（2）当抹灰总厚度大于或等于 15mm 时，应采取加强措施。

（3）有排水要求的部位应做滴水线（槽）。

（4）一般抹灰的石灰砂浆不得抹在水泥砂浆层上。

（5）一般抹灰和装饰抹灰工程的表面质量应符合有关规定。

问题：

1. 抹灰前应清除基层表面的哪些物质？
2. 如果设计对室内墙面、柱面和门窗洞口的阳角做法无要求时，应怎样处理？
3. 为使基体表面在抹灰前光滑应作怎样的处理？
4. 判断工程师对抹灰工程施工质量控制要点的不妥之处，并改正。
5. 对滴水线（槽）的要求是什么？
6. 一般抹灰工程表面质量应符合的规定有哪些？
7. 装饰抹灰工程表面质量应符合的规定有哪些？

例题 5-2 答案

任务三 门窗工程质量控制与验收

门窗工程验收时应检查门窗工程的施工图、设计说明及其他设计文件；材料的产品合格证书、性能检测报告、进场验收记录和复验报告；特种门及其附件的生产许可文件；隐蔽工程验收记录；施工记录。

门窗工程应对人造木板的甲醛释放量和建筑外窗的气密性能、水密性能和抗风压性能进行复验。

门窗工程应对预埋件和锚固件、隐蔽部位的防腐和填嵌处理、高层金属窗防雷连接节点等隐蔽工程项目进行验收。

各分项工程的检验批应按下列规定划分：同一品种、类型和规格的木门窗、金属门窗、塑料门窗及门窗玻璃每100樘应划分为一个检验批，不足100樘也应划分为一个检验批；同一品种、类型和规格的特种门每50樘应划分为一个检验批，不足50樘也应划分为一个检验批。

一、金属门窗安装工程

金属门窗安装工程质量控制与检验

金属门窗安装前，应对门窗洞口尺寸进行检验。金属门窗安装应采用预留洞口的方法施工，不得采用边安装边砌口或先安装后砌口的方法施工。当窗组合时，其拼樘料的尺寸、规格、壁厚应符合设计要求。

金属门窗安装工程的质量检验标准见表5-11。

表5-11　金属门窗安装工程的质量检验标准

项	序	检查项目	检验标准及要求	检查方法	检查数量
主控项目	1	门窗质量	金属门窗的品种、类型、规格、尺寸、性能、开启方向、安装位置、连接方式及门窗的型材壁厚应符合设计要求及现行国家标准的有关规定。金属门窗的防雷、防腐处理及填嵌、密封处理应符合设计要求	观察；尺量检查；检查产品合格证、性能检测报告、进场验收记录和复验报告；检查隐蔽工程验收记录	每个检验批应至少抽查5%并不得少于3樘，不足3樘时应全数检查；高层建筑的外窗，每个检验批应至少抽查10%并不得少于6樘，不足6樘时应全数检查
	2	框和附框的安装	金属门窗框和附框的安装应牢固。预埋件及锚固件的数量、位置、埋设方式与框的连接方式应符合设计要求	手扳检查；检查隐蔽工程验收记录	
	3	门窗扇安装	金属门窗扇应安装牢固、开关灵活、关闭严密、无倒翘。推拉门窗扇应安装防止扇脱落的装置	观察；开启和关闭检查；手扳检查	
	4	配件质量及安装	金属门窗配件的型号、规格、数量应符合设计要求，安装应牢固，位置应正确，功能应满足使用要求	观察；开启和关闭检查；手扳检查	
一般项目	1	表面质量	金属门窗表面应洁净、平整、光滑、色泽一致，应无锈蚀、擦伤、划痕和碰伤。漆膜或保护层应连续。型材的表面处理应符合设计要求及现行国家标准的有关规定	观察	同主控项目
	2	金属门窗推拉门窗扇开关力	金属门窗推拉门窗扇开关力不应大于50N	用测力计检查	

（续）

项	序	检查项目	检验标准及要求	检查方法	检查数量
一般项目	3	框与墙体之间的缝隙	金属门窗框与墙体之间的缝隙应填嵌饱满，并应采用密封胶密封。密封胶表面应光滑，顺直，无裂纹	观察；轻敲门窗框检查；检查隐蔽工程验收记录	同主控项目
	4	密封条	金属门窗扇的密封胶条或密封毛条装配应平整、完好，不得脱槽，交角处应平顺	观察；开启和关闭检查	
	5	排水孔	排水孔应畅通，位置和数量应符合设计要求	观察	
	6	留缝限值和允许偏差	金属门窗安装的留缝限值、允许偏差和检验方法应符合表5-12～表5-14的规定	见表5-12～表5-14	

表5-12 钢门窗安装的留缝限值、允许偏差和检验方法

项次	项目		留缝限值/mm	允许偏差/mm	检验方法
1	门窗槽口宽度、高度	≤1500mm	—	2	用钢卷尺检查
		>1500mm	—	3	
2	门窗槽口对角线长度差	≤2000mm	—	3	
		>2000mm	—	4	
3	门窗框的正、侧面垂直度		—	3	用1m垂直检测尺检查
4	门窗横框的水平度		—	3	用1m水平尺和塞尺检查
5	门窗横框标高		—	5	用钢卷尺检查
6	门窗竖向偏离中心		—	4	
7	双层门窗内外框间距		—	5	
8	门窗框、扇配合间隙		≤2	—	用塞尺检查
9	平开门窗框扇搭接宽度	门	≥6	—	用钢直尺检查
		窗	≥6	—	
	推拉门窗框扇搭接宽度		≥6	—	
10	无下框时门扇与地面间留缝		4～8	—	用塞尺检查

表5-13 铝合金门窗安装的允许偏差和检验方法

项次	项目		允许偏差/mm	检验方法
1	门窗槽口宽度、高度	≤2000mm	2	用钢卷尺检查
		>2000mm	3	
2	门窗槽口对角线长度差	≤2500mm	4	
		>2500mm	5	
3	门窗框的正、侧面垂直度		2	用1m垂直检测尺检查
4	门窗横框的水平度		2	用1m水平尺和塞尺检查

（续）

项次	项目		允许偏差/mm	检验方法
5	门窗横框标高		5	用钢卷尺检查
6	门窗竖向偏离中心		5	
7	双层门窗内外框间距		4	
8	推拉门窗扇与框搭接宽度	门	2	用钢直尺检查
		窗	1	

表5-14　涂色镀锌钢板门窗安装的允许偏差和检验方法

项次	项目		允许偏差/mm	检验方法
1	门窗槽口宽度、高度	≤1500mm	2	用钢卷尺检查
		>1500mm	3	
2	门窗槽口对角线长度差	≤2000mm	4	
		>2000mm	5	
3	门窗框的正、侧面垂直度		3	用1m垂直检测尺检查
4	门窗横框的水平度		3	用1m水平尺和塞尺检查
5	门窗横框标高		5	用钢卷尺检查
6	门窗竖向偏离中心		5	
7	双层门窗内外框间距		4	
8	推拉门窗扇与框搭接宽度		2	用钢直尺检查

二、塑料门窗安装工程

塑料门窗安装工程质量控制点同金属门窗安装工程质量控制点。

塑料门窗安装工程的质量检验标准见表5-15。

表5-15　塑料门窗安装工程的质量检验标准

项	序	项目	检验标准及要求	检查方法	检查数量
主控项目	1	门窗质量	塑料门窗的品种、类型、规格、尺寸、性能、开启方向、安装位置、连接方式和填嵌密封处理应符合设计要求及现行国家标准的有关规定，内衬增强型钢的壁厚及设置应符合现行国家标准《建筑用塑料门》GB/T 28886和《建筑用塑料窗》GB/T 28887的规定	观察；尺量检查；检查产品合格证、性能检测报告、进场验收记录和复验报告；检查隐蔽工程验收记录	每个检验批应至少抽查5%并不得少于3樘，不足3樘时应全数检查；高层建筑的外窗，每个检验批应至少抽查10%并不得少于6樘，不足6樘时应全数检查
	2	框、扇安装	塑料门窗框、附框和扇的安装应牢固。固定片或膨胀螺栓的数量与位置应正确，连接方式应符合设计要求。固定点应距窗角、中横框、中竖框150～200mm，固定点间距应不大于600mm	观察；手扳检查；尺量检查；检查隐蔽工程验收记录	

（续）

项	序	项　目	检验标准及要求	检查方法	检查数量
主控项目	3	拼樘料与框连接	塑料组合门窗使用的拼樘料截面尺寸及内衬增强型钢的形状和壁厚应符合设计要求。承受风荷载的拼樘料应采用与其内腔紧密吻合的增强型钢作为内衬，其两端应与洞口固定牢固。窗框应与拼樘料连接紧密，固定点间距应不大于600mm	观察；手扳检查；尺量检查；吸铁石检查；检查进场验收记录	每个检验批应至少抽查5%并不得少于3樘，不足3樘时应全数检查；高层建筑的外窗，每个检验批应至少抽查10%并不得少于6樘，不足6樘时应全数检查
	4	伸缩缝处理	窗框与洞口之间的伸缩缝内应采用聚氨酯发泡胶填充，发泡胶填充应均匀、密实。发泡胶成型后不宜切割。表面应采用密封胶密封。密封胶应粘结牢固，表面应光滑、顺直、无裂纹	观察；检查隐蔽工程验收记录	
	5	滑撑铰链的安装	滑撑铰链的安装应牢固，紧固螺钉应使用不锈钢材质。螺钉与框扇连接处应进行防水密封处理	观察；手扳检查；检查隐蔽工程验收记录	
	6	防脱落装置	推拉门窗扇应安装防止扇脱落的装置	观察	
	7	门窗扇开关	门窗扇关闭应紧密，开关应灵活	观察；开启和关闭检查，手扳检查	
	8	配件质量及安装	塑料门窗配件的型号、规格、数量应符合设计要求，安装应牢固，位置应正确，使用应灵活，功能应满足各自使用要求。平开窗扇高度大于900mm时，窗扇锁闭点不应少于2个	观察，手扳检查，尺量检查	
一般项目	1	密封	安装后的门窗关闭时，密封面上的密封条应处于压缩状态，密封层数应符合设计要求。密封条应连续完整，装配后应均匀、牢固，应无脱槽、收缩和虚压等现象；密封条接口应严密，且应位于窗的上方	观察	同主控项目
	2	门窗扇开关力	门窗扇开关力应符合下列规定： （1）平开门窗扇平铰链的开关力不应大80N；滑撑铰链的开关力不应大于80N，并不应小于30N （2）推拉门窗扇的开关力不应大于100N	观察；用测力计检查	
	3	表面质量	门窗表面应洁净、平整、光滑，颜色应均匀一致。可视面应无划痕、碰伤等缺陷，门窗不得有焊角开裂和型材断裂等现象	观察	
	4	密封条、槽口	旋转窗间隙应均匀		
	5	排水孔	排水孔应畅通，位置和数量应符合设计要求		
	6	安装的允许偏差	塑料门窗安装的允许偏差和检验方法应符合表5-16的规定	见表5-16	

表 5-16 塑料门窗安装的允许偏差和检验方法

项次	项目		允许偏差/mm	检验方法
1	门窗槽口宽度、高度	≤1500mm	2	用钢卷尺检查
		>1500mm	3	
2	门窗槽口对角线长度差	≤2000mm	3	
		>2000mm	5	
3	门窗框（含拼樘料）的正、侧面垂直度		3	用 1m 垂直检测尺检查
4	门窗横框（含拼樘料）的水平度		3	用 1m 水平尺和塞尺检查
5	门窗下横框的标高		5	用钢卷尺检查，与基准线比较
6	门窗竖向偏离中心		5	用钢卷尺检查
7	双层门、窗内外框间距		4	
8	平开门窗及上悬、下悬、中悬窗	门、窗扇与框搭接宽度	2	用深度尺或钢直尺检查
		同樘门、窗相邻扇的水平高度差	2	用靠尺和钢直尺检查
		门、窗框扇四周的配合间隙	1	用楔形塞尺检查
9	推拉门窗	门、窗扇与框搭接宽度	2	用深度尺或钢直尺检查
		门、窗扇与框或相邻扇立边平行度		用钢直尺检查
10	组合门窗	平整度	3	用 2m 靠尺和钢直尺检查
		缝直线度	3	

三、门窗玻璃安装工程

玻璃的品种、规格、尺寸、色彩、图案和涂膜朝向应符合设计要求。门窗玻璃裁割尺寸应正确。

门窗玻璃安装工程的质量检验标准见表 5-17。

表 5-17 门窗玻璃安装工程的质量检验标准

项	序	项目	检验标准及要求	检查方法	检查数量
主控项目	1	玻璃质量	玻璃的层数、品种、规格、尺寸、色彩、图案和涂膜朝向应符合设计要求	观察；检查产品合格证书，性能检验报告和进场验收记录	每个检验批应至少抽查5%并不得少于3樘，不足3樘时应全数检查；高层建筑的外窗，每个检验批应至少抽查10%并不得少于6樘，不足6樘时应全数检查
	2	玻璃裁割	门窗玻璃裁割尺寸应正确。安装后的玻璃应牢固，不得有裂纹、损伤和松动	观察；轻敲检查	
	3	安装方法	玻璃的安装方法应符合设计要求。固定玻璃的钉子或钢丝卡的数量、规格应保证玻璃安装牢固	观察；检查施工记录	

（续）

项	序	项　目	检验标准及要求	检查方法	检查数量
主控项目	4	木压条	镶钉木压条接触玻璃处应与裁口边缘平齐。木压条应互相紧密连接，并应与裁口边缘紧贴，割角应整齐	观察	每个检验批应至少抽查5%并不得少于3樘，不足3樘时应全数检查；高层建筑的外窗，每个检验批应至少抽查10%并不得少于6樘，不足6樘时应全数检查
	5	密封条	密封条与玻璃、玻璃槽口的接触应紧密、平整。密封胶与玻璃、玻璃槽口的边缘应粘结牢固、接缝平齐		
	6	玻璃压条	带密封条的玻璃压条，其密封条应与玻璃贴紧，压条与型材之间应无明显缝隙	观察；尺量检查	
一般项目	1	玻璃表面	玻璃表面应洁净，不得有腻子、密封胶、涂料等污渍。中空玻璃内外表面均应洁净，玻璃中空层内不得有灰尘和水蒸气。门窗玻璃不应直接接触型材	观察	同主控项目
	2	腻子	腻子及密封胶应填抹饱满、粘结牢固；腻子及密封胶边缘与裁口应平齐。固定玻璃的卡子不应在腻子表面显露		
	3	密封条	不得卷边、脱槽，密封条接缝应粘接		

四、门窗工程施工常见问题

1. 门窗侧壁空鼓

（1）现象：在工程即将竣工时，发现大量门窗侧壁出现空鼓，从而造成返工。

（2）原因分析：

1）门窗侧壁的面积窄小（一般宽不超过8cm），抹灰前，基层清理不洁净，湿润不透（所有门窗洞口都是通风口，湿润后干得较快）。这样，抹灰后易出现裂纹或脱落，造成空鼓。

2）一般门窗侧壁需用木尺杆找直，抹灰时抹子搁不进去，因怕碰歪尺杆，不敢用力抹压，操作起来很不方便，使抹上的砂浆不实，只起到了找平作用，没有与墙体牢固粘结。再加上在安装门窗扇时剔、凿造成振动或风吹扇动的摔打，都是门窗侧壁抹灰脱落空鼓的主要原因。

（3）防治措施：

1）抹灰前首先要将门窗侧壁清理干净，充分浇水湿润，润透。一般提前1d，先将门窗侧壁润透，表皮晾干，无明水时再抹灰。

2）先在门窗侧壁用力抹一层约1/2抹灰厚度的砂浆，再夹木尺杆用灰浆找平，最后再用小抹子顺侧壁竖向将边角用力抹压密实。

3）抹灰前必须先检查一下门窗框安装是否正确、牢固，与墙体连接处的缝隙是否按要求嵌塞密实。

2. 铝合金门窗渗漏

（1）现象。铝合金门窗渗漏重点有以下几方面：

1）玻璃的压条安装在外侧，增加了水从压条缝进入的可能性。

2）窗框固定码是水渗漏重要途径之一（窗框固定码因内外拉结，在固定码的地方工人很难把缝塞的密实）。

3）窗框塞缝质量的好坏是造成窗框渗漏最主要的因素（塞缝材料的配比、工艺上的操作）。

（2）防治措施：

1）所有玻璃压条必须安装在窗的内侧。

2）在窗扇位置的固定码要内外两向钉牢，其他只需在内钉单边码固定。

3）塞缝砂浆要采用聚合物防水砂浆，严禁在楼层上人工自行拌制，要用砂浆机拌制。

4）塞缝工艺上要采用专用工具把聚合物砂浆灌入，不可或减少采用人工用手塞缝工艺，灌缝宽度控制在20~50mm，少于或超过要另作处理。

【例题5-3】 某施工总承包单位承接了一地处闹市区的某商务中心的施工任务。该工程地下2层，地上20层，基坑深8.75m，灌注桩基础，上部结构为现浇剪力墙结构。

例题5-3答案

为赶工程进度，施工单位在结构施工后阶段，提前进场了几批外墙金属窗，并会同监理对这几批金属窗的外观进行了查看，双方认为质量合格，准备投入使用。

问题：施工单位和监理对金属窗的检验是否正确？如不正确，该如何检验？

任务四　吊顶工程质量控制与验收

吊顶工程验收时应检查吊顶工程的施工图、设计说明及其他设计文件；材料的产品合格证书、性能检测报告、进场验收记录和复验报告；隐蔽工程验收记录；施工记录。

吊顶工程应对下列隐蔽工程项目进行验收：吊顶内管道、设备的安装及水管试压、风管严密性检验；木龙骨防火、防腐处理；埋件；吊杆安装；龙骨安装；填充材料的设置；反支撑及钢结构转换层。

同一品种的吊顶工程每50间应划分为一个检验批，不足50间也应划分为一个检验批，大面积房间和走廊可按吊顶面积每30m^{2}计为一间。

一、整体面层吊顶工程

整体面层吊顶工程质量控制与检验

吊顶工程应对人造木板的甲醛释放量进行复验。安装龙骨前，应按设计要求对房间净高、洞口标高和吊顶内管道、设备及其支架的标高进行交接检验。

吊顶工程的木龙骨和木面板应进行防火处理，并应符合有关设计防火标准的规定。吊顶工程中的埋件、钢筋吊杆和型钢吊杆应进行防腐处理。安装饰面板前应完成吊顶内管道和设备的调试及验收。

吊杆距主龙骨端部距离不得大于300mm。当吊杆长度大于1.5m时，应设置反支撑。当吊杆与设备相遇时，应调整并增设吊杆或采用型钢支架。重型灯具和有振动荷载的设备严禁安装在吊顶工程的龙骨上。吊顶埋件与吊杆的连接、吊杆与龙骨的连接、龙骨与面板的连接应安全可靠。

吊杆上部为网架、钢屋架或吊杆长度大于2500mm时，应设有钢结构转换层。大面积或狭长形吊顶面层的伸缩缝及分格缝应符合设计要求。

整体面层吊顶工程的质量检验标准见表5-18。

表5-18　整体面层吊顶工程的质量检验标准

项	序	项　目	检验标准及要求	检查方法	检查数量
主控项目	1	标高、尺寸、起拱和造型	吊顶标高、尺寸、起拱和造型应符合设计要求	观察；尺量检查	每个检验批应至少抽查10%并不得少于3间，不足3间时应全数检查
	2	面层材料	面层材料的材质、品种、规格、图案、颜色和性能应符合设计要求及现行国家标准的有关规定	观察；检查产品合格证书、性能检测报告、进场验收记录和复验报告	
	3	吊杆、龙骨和面板的安装	整体面层吊顶工程的吊杆、龙骨和面板的安装应牢固	观察，手扳检查，检查隐蔽工程验收记录和施工记录	
	4	吊杆与龙骨材质	吊杆、龙骨的材质、规格、安装间距及连接方式应符合设计要求。金属吊杆、龙骨应经过表面防腐处理；木龙骨应进行防腐、防火处理	观察；尺量检查；检查产品合格证书、性能检验报告、进场验收记录和隐蔽工程验收记录	
	5	石膏板、水泥纤维板接缝	石膏板、水泥纤维板的接缝应按其施工工艺标准进行板缝防裂处理。安装双层板时，面层板与基层板的接缝应错开，并不得在同一根龙骨上接缝	观察	
一般项目	1	材料表面质量	面层材料表面应洁净、色泽一致，不得有翘曲、裂缝及缺损。压条应平直、宽窄一致	观察；尺量检查	同主控项目
	2	灯具等设备	面板上的灯具、烟感器、喷淋头、风口箅子和检修口等设备设施的位置应合理、美观，与面板的交接应吻合、严密	观察	
	3	吊杆、龙骨接缝	金属龙骨的接缝应均匀一致，角缝应吻合，表面应平整，无翘曲、锤印。木质龙骨应顺直，无劈裂、变形	检查隐蔽工程验收记录和施工记录	
	4	填充材料	吊顶内填充吸声材料的品种和铺设厚度应符合设计要求，并应有防散落措施		
	5	允许偏差	安装的允许偏差和检验方法应符合表5-19的规定	见表5-19	

表5-19　整体面层吊顶工程安装的允许偏差和检验方法

项次	项　目	允许偏差/mm	检验方法
1	表面平整度	3	用2m靠尺和塞尺检查
2	缝格、凹槽直线度	3	拉5m线，不足5m拉通线，用钢直尺检查

二、板块面层吊顶工程

板块面层吊顶工程质量控制点同整体面层吊顶工程质量控制点。

板块面层吊顶工程的质量检验标准见表5-20。

表5-20　板块面层吊顶工程的质量检验标准

项	序	项　目	检验标准及要求	检查方法	检查数量
主控项目	1	吊顶标高、起拱和造型	吊顶标高、尺寸、起拱和造型应符合设计要求	观察；尺量检查	每个检验批应至少抽查10%并不得少于3间，不足3间时应全数检查
	2	面层材料	面层材料的材质、品种、规格、图案、颜色和性能应符合设计要求及现行国家标准的有关规定。当面层材料为玻璃板时，应使用安全玻璃并采取可靠的安全措施	观察；检查产品合格证书、性能检验报告、进场验收记录和复验报告	
	3	面板安装	面板的安装应稳固严密。面板与龙骨的搭接宽度应大于龙骨受力面宽度的2/3	观察；手扳检查；尺量检查	
	4	吊杆、龙骨材质	吊杆和龙骨的材质、规格、安装间距及连接方式应符合设计要求。金属吊杆和龙骨应进行表面防腐处理；木龙骨应进行防腐、防火处理	观察；尺量检查；检查产品合格证书、性能检验报告、进场验收记录和隐蔽工程验收记录	
	5	吊杆、龙骨安装	吊杆和龙骨安装应牢固	手扳检查；检查隐蔽工程验收记录和施工记录	
一般项目	1	面层材料表面质量	面层材料表面应洁净、色泽一致，不得有翘曲、裂缝及缺损。面板与龙骨的搭接应平整、吻合，压条应平直、宽窄一致	观察；尺量检查	同主控项目
	2	灯具等设备	面板上的灯具、烟感器、喷淋头、风口箅子和检修口等设备设施的位置应合理、美观，与面板的交接应吻合、严密	观察	
	3	龙骨接缝	金属龙骨的接缝应平整、吻合、颜色一致，不得有划伤、擦伤等表面缺陷。木质龙骨应平整、顺直、无劈裂		
	4	填充材料	吊顶内填充吸声材料的品种和铺设厚度应符合设计要求，并应有防散落措施	检查隐蔽工程验收记录和施工记录	
	5	允许偏差	安装的允许偏差和检验方法应符合表5-21的规定	见表5-21	

表 5-21　板块面层吊顶工程安装的允许偏差和检验方法

项次	项　目	允许偏差/mm				检验方法
		石膏板	金属板	矿棉板	木板、塑料板、玻璃板、复合板	
1	表面平整度	3	2	3	2	用2m靠尺和塞尺检查
2	接缝直线度	3	2	3	3	拉5m线，不足5m拉通线，用钢直尺检查
3	接缝高低差	1	1	2	1	用钢直尺和塞尺检查

三、吊顶工程施工常见问题

1. 铝合金龙骨线条不平直

（1）现象：铝合金主龙骨、次龙骨纵横方向线条不平直；吊顶造型不对称、罩面板布局不合理。

（2）原因分析：

1）在吊顶施工前，未拉十字线分中、对称安装龙骨，对于长走廊，未拉通长中心线。

2）主龙骨、次龙骨受扭折，虽经修整，仍不平直。

3）挂沿线或镀锌钢丝的射钉位置不正确，拉牵力不均匀。

4）未拉通线全面调整主龙骨、次龙骨的高低位置。

5）四周墙面的水平线应测量正确。

6）铺安罩面板的流向不正确。

（3）防治措施：

1）按吊顶设计标高，在房间四周的水平线位置拉十字中心线。从房间中心开始分格龙骨位置。

2）严格按设计要求布置主龙骨和次龙骨。

3）中间部分先铺整块罩面板，余量应平均分配在四周最外边的一块，便于调整。

4）在调整时，对纵横向龙骨一定要拉通线。

2. 轻钢龙骨吊顶不平整

（1）现象：轻钢龙骨吊顶主龙大吊与副龙挂钩未正反安装，封板后因石膏板自重易导致龙骨受力不平衡，影响吊顶平整度。

（2）原因分析：

1）工人流动性较大，新进人员对施工规范了解不深，未培训就上岗。

2）对班组的技术交底未做到全员交底，只流于形式。

（3）防治措施：

1）班组人员要先培训，合格后再上岗。

2）做好前期策划工作，对班组进行全员技术交底。

3）轻钢龙骨吊顶主龙大吊与副龙挂钩（二正一反）都必须正反扣安装。

【例题 5-4】 某既有综合楼装修改造工程共9层，层高3.6m。吊顶工程施工中：

（1）对人造饰面板的甲醛含量进行了复验。

（2）安装饰面板前完成了吊顶内管道和设备的调试及验收。

（3）吊杆长度 1.0m，距主龙骨端部距离为 320mm。

（4）安装双层石膏板时，面层板与基层板的接缝一致，并在同一根龙骨上接缝。

例题 5-4 答案

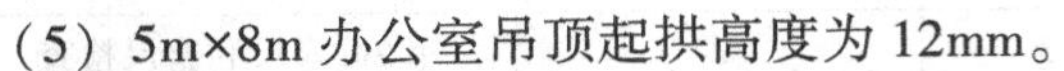
（5）5m×8m 办公室吊顶起拱高度为 12mm。

问题：指出吊顶工程施工中哪些做法不正确，并写出正确的施工方法。

任务五　轻质隔墙工程质量控制与验收

轻质隔墙工程验收时应检查轻质隔墙工程的施工图、设计说明及其他设计文件；材料的产品合格证书、性能检验报告、进场验收记录和复验报告；隐蔽工程验收记录；施工记录。

轻质隔墙工程应对下列隐蔽工程项目进行验收：骨架隔墙中设备管线的安装及水管试压；木龙骨防火、防腐处理；预埋件或拉结筋；龙骨安装；填充材料的设置。

同一品种的轻质隔墙工程每 50 间应划分为一个检验批，不足 50 间也应划分为一个检验批，大面积房间和走廊可按轻质隔墙的墙面每 $30m^2$ 计为一间。

一、板材隔墙工程

板材隔墙工程质量控制与检验

板材隔墙工程应对人造木板的甲醛释放量进行复验。轻质隔墙与顶棚和其他墙体的交接处应采取防开裂措施。民用建筑轻质隔墙工程的隔声性能应符合现行国家标准《民用建筑隔声设计规范》GB 50118 的规定。

板材隔墙工程的质量检验标准见表 5-22。

表 5-22　板材隔墙工程的质量检验标准

项	序	项　目	检验标准及要求	检 查 方 法	检 查 数 量
主控项目	1	板材质量	隔墙板材的品种、规格、颜色和性能应符合设计要求。有隔声、隔热、阻燃和防潮等特殊要求的工程，板材应有相应性能等级的检验报告	观察；检查产品合格证书、进场验收记录和性能检验报告	每个检验批应至少抽查 10% 并不得少于 3 间，不足 3 间时应全数检查
	2	预埋件和连接件	安装隔墙板材所需预埋件、连接件的位置、数量及连接方法应符合设计要求	观察；尺量检查；检查隐蔽工程验收记录	
	3	安装质量	隔墙板材安装应牢固	观察；手扳检查	
	4	接缝材料、方法	隔墙板材所用接缝材料的品种及接缝方法应符合设计要求	观察；检查产品合格证书和施工记录	
	5	安装位置	隔墙板材安装应位置正确，板材不应有裂缝或缺损	观察；尺量检查	
一般项目	1	表面质量	板材隔墙表面应光洁、平顺、色泽一致，接缝应均匀、顺直	观察；手摸检查	同主控项目
	2	孔洞、槽、盒	隔墙上的孔洞、槽、盒应位置正确、套割方正、边缘整齐	观察	
	3	允许偏差	安装的允许偏差和检验方法应符合表 5-23 的规定	见表 5-23	

表 5-23 板材隔墙工程安装的允许偏差和检验方法

项次	项目	允许偏差/mm				检验方法
		复合轻质墙板		石膏空心板	增强水泥板、混凝土轻质板	
		金属夹芯板	其他复合板			
1	立面垂直度	2	3	3	3	用 2m 垂直检测尺检查
2	表面平整度	2	3	3	3	用 2m 靠尺和塞尺检查
3	阴阳角方正	3	3	3	4	用 200mm 直角检测尺检查
4	接缝高低差	1	2	2	3	用钢直尺和塞尺检查

二、骨架隔墙工程

骨架隔墙工程质量控制点同板材隔墙工程质量控制点。

骨架隔墙工程的质量检验标准见表 5-24。

表 5-24 骨架隔墙工程的质量检验标准

项	序	项目	检验标准及要求	检查方法	检查数量
主控项目	1	材料质量	骨架隔墙所用龙骨、配件、墙面板、填充材料及嵌缝材料的品种、规格、性能和木材的含水率应符合设计要求。有隔声、隔热、阻燃和防潮等特殊要求的工程，材料应有相应性能等级的检验报告	观察；检查产品合格证书、进场验收记录、性能检测报告和复验报告	每个检验批应至少抽查 10% 并不得少于 3 间，不足 3 间时应全数检查
	2	地梁	骨架隔墙地梁所用材料、尺寸及位置等应符合设计要求。骨架隔墙的沿地、沿顶及边框龙骨应与基体结构连接牢固	手扳检查；尺量检查；检查隐蔽工程验收记录	
	3	龙骨间距和构造连接	骨架隔墙中龙骨间距和构造连接方法应符合设计要求。骨架内设备管线的安装、门窗洞口等部位加强龙骨应安装牢固、位置正确，填充材料的品种、厚度及设置应符合设计要求	检查隐蔽工程验收记录	
	4	防火、防腐	木龙骨及木墙面板的防火和防腐处理应符合设计要求		
	5	墙面板安装	骨架隔墙的墙面板应安装牢固，无脱层、翘曲，折裂及缺损	观察；手扳检查	
	6	接缝材料	墙面板所用接缝材料的接缝方法应符合设计要求	观察	
一般项目	1	表面质量	骨架隔墙表面应平整光滑、色泽一致、洁净、无裂缝，接缝应均匀、顺直	观察；手摸检查	同主控项目
	2	孔洞、槽、盒要求	骨架隔墙上的孔洞、槽、盒应位置正确、套割吻合、边缘整齐	观察	
	3	填充材料要求	骨架隔墙内的填充材料应干燥，填充应密实、均匀，无下坠	轻敲检查；检查隐蔽工程验收记录	
	4	安装允许偏差	安装的允许偏差和检验方法应符合表 5-25 的规定	见表 5-25	

表 5-25 骨架隔墙工程安装的允许偏差和检验方法

项次	项目	允许偏差/mm		检验方法
		纸面石膏板	人造木板、水泥纤维板	
1	立面垂直度	3	4	用2m垂直检测尺检查
2	表面平整度	3	3	用2m靠尺和塞尺检查
3	阴阳角方正	3	3	用200mm直角检测尺检查
4	接缝直线度	—	3	拉5m线，不足5m拉通线，用钢直尺检查
5	压条直线度	—	3	
6	接缝高低差	1	1	用钢直尺和塞尺检查

三、轻质隔墙工程施工常见问题

1. 纸面石膏板隔墙与结构连接不牢

（1）现象：工字龙骨板隔墙与主体结构连接不严，多出现在边龙骨。

（2）原因分析：

1）边龙骨预先粘好薄木块作为主要粘结点，当木块厚度超过龙骨翼缘宽度时，因木块是断续的，因而造成连接不严。

2）龙骨变形。

（3）防治措施：边龙骨预粘木块时，应控制其厚度不得超过龙骨翼缘，同时，边龙骨应经过挑选。安装龙骨时，翼缘边部顶端应满涂107胶水泥砂浆，使之粘结严密。为使墙板顶端密实，应在梁底（或顶板下）按放线位置增贴92mm宽石膏垫板。

2. 钢丝网架夹芯板隔墙裂缝

（1）现象：钢丝网架夹芯板隔墙裂缝影响装饰效果。

（2）原因分析：

1）安装前未认真选材，安装不仔细，抹灰不按规定做。

2）夹芯板弯曲变形。

（3）防治措施：

1）首先要配置好钢丝网架夹芯板及配套件，避免安装不合适返工造成裂缝。

2）安装前认真检查夹芯板，弯曲变形的夹芯板要经过处理后才能使用。

3）认真做好抹灰的每道工序。

4）各种埋件、管线和接线盒应与夹芯板安装同步进行，防止抹灰后再剔凿。

【例题 5-5】 某大学图书馆进行装修改造，根据施工设计和使用功能的要求，采用大量的轻质隔墙。外墙采用建筑幕墙，承揽该装修改造工程的施工单位根据规定，对工程细部构造施工质量的控制做了大量的工作。

该施工单位在轻质隔墙施工过程中提出以下技术要求：

（1）板材隔墙施工过程中如遇到门洞，应从两侧向门洞处依次施工。

（2）石膏板安装牢固时，隔墙端部的石膏板与周围的墙、柱应留有 10mm 的槽口，槽口处加泛嵌缝膏，使面板与邻近表面接触紧密。

（3）当轻质隔墙下端用木踢脚线覆盖时，饰面板应与地面留有 5～10mm 缝隙。

（4）石膏板的接缝缝隙应保证 8～10mm。

问题：

1. 建筑装饰装修工程的细部构造是指哪些子分部工程中的细部节点构造？

2. 轻质隔墙按构造方式和所用材料的种类不同可分为哪几种类型？石膏板属于哪种轻质隔墙？

3. 逐条判断该施工单位在轻质隔墙施工过程中提出的技术要求的正确与否。若不正确，请改正。

4. 轻质隔墙的节点处理主要包括哪几项？

例题 5-5 答案

任务六　饰面板（砖）工程质量控制与验收

饰面板（砖）工程验收时应检查饰面板（砖）工程的施工图、设计说明及其他设计文件；材料的产品合格证书、性能检验报告、进场验收记录和复验报告；后置埋件的现场拉拔检测报告；满粘法施工的外墙石板和外墙陶瓷板粘结强度检验报告；隐蔽工程验收记录；施工记录。

饰面板（砖）工程应对下列材料及其性能指标进行复验：室内用花岗石的放射性、室内用人造木板的甲醛释放量；水泥基粘结料的粘结强度；外墙陶瓷面砖的吸水率；严寒和寒冷地区外墙陶瓷板的抗冻性。

饰面板（砖）工程应对下列隐蔽工程项目进行验收：预埋件（或后置埋件）；龙骨安装；连接节点；防水、保温、防火节点；外墙金属板防雷连接节点。

各分项工程的检验批应按下列规定划分：相同材料、工艺和施工条件的室内饰面板（砖）工程每 50 间应划分为一个检验批，不足 50 间也应划分为一个检验批，大面积房间和走廊按饰面板面积每 30m^2 计为一间；相同材料、工艺和施工条件的室外饰面板（砖）工程每 1000m^2 应划分为一个检验批，不足 1000m^2 也应划分为一个检验批。

一、饰面板安装工程

适用于内墙饰面板安装工程和高度不大于 24m，抗震设防烈度不大于 8 度的外墙饰面板安装工程的质量验收。

饰面板工程的抗震缝、伸缩缝、沉降缝等部位的处理应保证缝的使用功能和饰面的完整性。

石板安装工程的质量检验标准见表 5-26。

表 5-26　石板安装工程的质量检验标准

项	序	项　目	检验标准及要求	检查方法	检查数量
主控项目	1	材料质量	石板的品种、规格、颜色和性能应符合设计要求及现行国家标准的有关规定	观察；检查产品合格证、进场验收记录、性能检测报告	室内每个检验批应至少抽查10%并不得少于3间，不足3间时应全数检查；室外每个检验批每 $100m^2$ 应至少抽查一处，每处不得小于 $10m^2$
	2	石板孔、槽	石板孔、槽的数量、位置和尺寸应符合设计要求	检查进场验收记录和施工记录	
	3	石板安装	石板安装工程的预埋件（或后置埋件）、连接件的数量、规格、位置、连接方法和防腐处理必须符合设计要求。后置埋件的现场拉拔力应符合设计要求。石板安装应牢固	手扳检查；检查进场验收记录、现场拉拔检验报告、隐蔽工程验收记录和施工记录	
	4	满粘法施工要求	采用满粘法施工的石板工程，石板与基层之间的粘结料应饱满、无空鼓。石板粘结应牢固	用小锤轻击检查；检查施工记录；检查外墙石板粘结强度检验报告	
一般项目	1	石板表面质量	石板表面应平整、洁净、色泽一致，无裂痕和缺损。石材表面应无泛碱等污染	观察	同主控项目
	2	石板嵌缝	石板嵌缝应密实、平直，宽度和深度应符合设计要求，嵌缝材料色泽应一致	观察；尺量检查	
	3	湿作业法施工	采用湿作业法施工的石板安装工程，石材应进行防碱封闭处理。石板与基体之间的灌注材料应饱满、密实	用小锤轻击检查；检查施工记录	
	4	石板上的孔洞	应套割吻合，边缘应整齐	观察	
	5	安装的允许偏差	安装的允许偏差和检验方法应符合表 5-27 的规定	见表 5-27	

表 5-27　石板安装工程安装的允许偏差和检验方法

项次	项　目	允许偏差/mm			检验方法
		光面	剁斧石	蘑菇石	
1	立面垂直度	2	3	3	用2m垂直检测尺检查
2	表面平整度	2	3	—	用2m靠尺和塞尺检查
3	阴阳角方正	2	4	4	用200mm直角检测尺检查
4	接缝直线度	2	4	4	拉5m线，不足5m拉通线，用钢直尺检查
5	墙裙、勒脚上口直线度	2	3	3	
6	接缝高低差	1	3	—	用钢直尺和塞尺检查
7	接缝宽度	1	2	2	用钢直尺检查

二、饰面砖粘贴工程

内墙饰面砖粘贴工程质量控制与检验

适用于内墙饰面砖粘贴工程和高度不大于100m、抗震设防烈度不大于8度、采用满粘法施工的外墙饰面砖粘贴等分项工程的质量验收。

外墙饰面砖工程施工前，应在待施工基层上做样板，并对样板的饰面砖粘结强度进行检验，其检验方法和结果判定应符合现行行业标准《建筑工程饰面砖粘结强度检验标准》JGJ/T 110的规定。

内墙饰面砖粘贴工程的质量检验标准见表5-28。

表5-28　内墙饰面砖粘贴工程的质量检验标准

项	序	项　目	检验标准及要求	检查方法	检查数量
主控项目	1	饰面砖质量	内墙饰面砖的品种、规格、图案、颜色和性能应符合设计要求	观察；检查产品合格证、进场验收记录、性能检验报告、复验报告	室内每个检验批应至少抽查10%并不得少于3间，不足3间时应全数检查；室外每个检验批每$100m^2$应至少抽查一处，每处不得小于$10m^2$
	2	饰面砖粘贴材料	内墙饰面砖粘贴工程的找平、防水、粘结和填缝材料及施工方法应符合设计要求及现行国家标准的有关规定	检查产品合格证书、复验报告和隐蔽工程验收记录	
	3	饰面砖粘贴	内墙饰面砖粘贴必须牢固	手拍检查，检查施工记录	
	4	满粘法施工	满粘法施工的内墙饰面砖工程应无裂缝，大面和阳角应无空鼓	观察；用小锤轻击检查	
一般项目	1	表面质量	内墙饰面砖表面应平整、洁净、色泽一致，无裂痕和缺损	观察	同主控项目
	2	墙面突出物	内墙面突出物周围的饰面砖应整砖套割吻合，边缘应整齐。墙裙、贴脸突出墙面的厚度应一致	观察，尺量检查	
	3	接缝、填嵌	内墙饰面砖接缝应平直、光滑，填嵌应连续、密实；宽度和深度符合设计要求		
	4	允许偏差	安装的允许偏差和检验方法应符合表5-29的规定	见表5-29	

表5-29　内墙饰面砖粘贴的允许偏差和检验方法

项次	项　目	允许偏差/mm	检验方法
1	立面垂直度	2	用2m垂直检测尺检查
2	表面平整度	3	用2m靠尺和塞尺检查
3	阴阳角方正	3	用200mm直角检测尺检查
4	接缝直线度	2	拉5m线，不足5m拉通线，用钢直尺检查
5	接缝高低差	1	用钢直尺和塞尺检查
6	接缝宽度	1	用钢直尺检查

三、饰面板（砖）工程施工常见问题

1. 花岗石板块开裂、边角缺损

（1）现象：墙、柱顶部、根部或阳角部位出现裂缝。

（2）原因分析：

1）石材性脆。如板块材质局部风化脆弱，或加工运输过程中造成隐伤，安装前无检查无修补。

2）计划不周或施工无序，在饰面安装之后又在墙上开凿孔洞，导致饰面出现裂缝。

3）墙、柱上下部位，板缝未留空隙，结构受压变形；或大面积墙面不设变形缝，环境温度变化，板块受到挤压；轻质墙体未作加强处理，墙体干缩开裂。

（3）预防措施：

1）石材板底涂刷树脂胶，再贴化纤丝网格布，形成一层抗拉防水层；或采用有衬底的复合型超薄石材，从而减免开裂和损伤。

2）饰面墙上难免开洞，应事先考虑并在板块未上墙之前加工。

3）考虑墙、柱受上部楼层荷载的压力及成品保护等原因，饰面工程应在建筑物的施工后期进行。

（4）治理方法：因缝格设置不当造成挤压破裂的饰面，应在适当部位开设变形缝。板块开裂，边角缺损不严重的，可用商品环氧基石材胶进行修补。

2. 花岗石外饰面砖返浆、空鼓

（1）现象：花岗石饰面工程粘贴完工一段时间后，往往出现空鼓、返浆等质量问题，严重影响花岗石外饰面工程的观感质量和使用功能。

（2）原因分析：

1）外饰面施工时砂浆不饱满，花岗石饰面板材未能很好地与基面结合。

2）花岗石板材加工时留下的污染未能很好地清洗干净，导致与水泥浆结合不紧，水一旦渗入后也会造成碳酸钙外析，形成返浆。

（3）预防措施：

1）选择优质花岗石板材，严格把好基面施工质量，砖墙砌体要砖缝饱满，并注意粉刷层砂浆质量。

2）认真做好花岗石板材的浸泡、清洗工作。

3）掌握好砂浆配合比，太干、太稠不易粘贴，太稀又易造成空鼓。

（4）治理方法：一旦出现返浆，应认真检查分析原因，如果这种外析是在女儿墙、窗沿或窗顶、雨篷等部位，就应首先从这些部位的背面重做防水层，而后用刮铲清除饰面上留存的碳酸钙薄层并用草酸清洗，再用玻璃胶擦缝，以达到根除返浆的目的。

【例题 5-6】 某建筑公司承建了一地处繁华市区的带地下车库的大厦工程，工程紧邻城市主要干道，施工现场狭窄，施工现场入口处设立了“五牌”和“两图”。工程主体 9 层，地下 3 层，建筑面积 20000m^2，基础开挖深度 12m，地下水位 3m。大厦 2~12 层室内采用天然大理石饰面，大理石饰面板进场检查记录如下：天然大理石建筑板材，规格 600mm×450mm，厚度 18mm，一等品。2005 年 6 月 6 日，石材进场后专业班组就从第 12 层开始安

装。为便于灌浆操作，操作人员将结合层的砂浆厚度控制在 18mm，每层板材安装后分两次灌浆。

2005 年 6 月 6 日，专业班组请项目专职质检员检验 12 层走廊墙面石材饰面，结果发现局部大理石饰面产生不规则的花斑，沿墙高的中下部位空鼓的板块较多。

问题：试述装饰装修工程质量问题产生的原因和治理方法。

例题 5-6 答案

任务七　幕墙工程质量控制与验收

幕墙工程验收时应检查幕墙工程的施工图、结构计算书、设计说明及其他设计文件；建筑设计单位对幕墙工程设计的确认文件；幕墙工程所用各种材料、五金配件、构件及组件的产品合格证书、性能检测报告、进场验收记录和复验报告；幕墙工程所用硅酮结构胶的认定证书和抽查合格证明、进口硅酮结构胶的商检证、国家指定检测机构出具的硅酮结构胶相容性和剥离粘结性试验报告、石材用密封胶的耐污染性试验报告；后置埋件的现场拉拔强度检测报告；幕墙的抗风压性能、空气渗透性能、雨水渗漏性能及平面变形性能检测报告；打胶、养护环境的温度、湿度记录、双组分硅酮结构胶的混匀性试验记录及拉断试验记录；防雷装置测试记录；蔽工程验收记录；幕墙构件和组件的加工制作记录、幕墙安装施工记录。

幕墙工程应对下列材料及其性能指标进行复验：铝塑复合板的剥离强度；石材的弯曲强度、寒冷地区石材的耐冻融性、室内用花岗石的放射性；玻璃幕墙用结构胶的邵氏硬度、标准条件拉伸粘结强度、相容性试验、石材用结构胶的粘结强度、石材用密封胶的污染性。

幕墙工程应对下列隐蔽工程项目进行验收：预埋件（或后置埋件）；构件的连接节点；变形缝及墙面转角处的构造节点；幕墙防雷装置；幕墙防火构造。

各分项工程的检验批应按下列规定划分：相同设计、材料、工艺和施工条件的幕墙工程每 500~1000m^2 应划分为一个检验批，不足 500m^2 也应划分为一个检验批；同一单位工程的不连续的幕墙工程应单独划分检验批；对于异型或有特殊要求的幕墙，检验批的划分应根据幕墙的结构、工艺特点及幕墙工程规模，由监理单位（或建设单位）和施工单位协商确定。

一、玻璃幕墙工程

适用于建筑高度不大于 150m、抗震设防烈度不大于 8 度的隐框玻璃幕墙、半隐框玻璃幕墙、明框玻璃幕墙、全玻幕墙及点支承玻璃幕墙工程的质量验收。幕墙及其连接件应具有足够的承载力、刚度和相对于主体结构的位移能力。幕墙构架立柱的连接金属角码与其他连接件应采用螺栓连接，并应有防松动措施。

隐框、半隐框幕墙所采用的结构粘结材料必须是中性硅酮结构密封胶，其性能必须符合《建筑用硅酮结构密封胶》（GB 16776—2005）的规定；硅酮结构密封胶必须在有效期内使用。立柱和横梁等主要受力构件，其截面受力部分的壁厚应经计算确定，且铝合金型材壁厚不应小于 3.0mm，钢型材壁厚不应小于 3.5mm。隐框、半隐框幕墙构件中板材与金属框之间硅酮结构密封胶的粘结宽度，应分别计算风荷载标准值和板材自重标准值作用下硅酮结构密封胶的粘结宽度，并取其较大值，且不得小于 7.0mm。硅酮结构密封胶应打注饱满，并应在温度 15~30℃、相对湿度 50%以上、洁净的室内进行；不得在现场墙上打注。

玻璃幕墙工程的质量检验标准见表5-30。

表5-30　玻璃幕墙工程的质量检验标准

项	序	项目	检验标准及要求	检查方法	检查数量
主控项目	1	各种材料、构件、组件	玻璃幕墙工程所使用的各种材料、构件和组件的质量应符合设计要求及现行国家产品标准和工程技术规范的规定	检查材料、构件、组件的产品合格证书、进场验收记录、性能检测报告和材料的复验报告	每个检验批每 $100m^2$ 应至少抽查一处，每处不得小于 $10m^2$；对于异型或有特殊要求的幕墙工程，应根据幕墙的结构和工艺特点，由监理单位（或建设单位）和施工单位协商确定
	2	造型和立面分格	玻璃幕墙的造型和立面分格应符合设计要求	观察，尺量检查	
	3	玻璃	玻璃幕墙使用的玻璃应符合下列规定： （1）幕墙应使用安全玻璃，玻璃的品种、规格、颜色、光学性能及安装方向应符合设计要求 （2）幕墙玻璃的厚度不应小于6.0mm。全玻幕墙肋玻璃的厚度不应小于12mm （3）幕墙的中空玻璃应采用双道密封。明框幕墙的中空玻璃应采用聚硫密封胶及丁基密封胶；隐框和半隐框幕墙的中空玻璃应采用硅酮结构密封胶及丁基密封胶；镀膜面应在中空玻璃的第2面或第3面上 （4）幕墙的夹层玻璃应采用聚乙烯醇缩丁醛（PVB）胶片干法加工合成的夹层玻璃。点支承玻璃幕墙夹层玻璃的夹层胶片（PVB）厚度不应小于0.76mm （5）钢化玻璃表面不得有损伤；厚度8.0mm以下的钢化玻璃应进行引爆处理 （6）所有幕墙玻璃均应进行边缘处理	观察，尺量检查，检查施工记录	
	4	与主体结构连接件	玻璃幕墙与主体结构连接的各种预埋件、连接件、紧固件必须安装牢固，其数量、规格、位置、连接方法和防腐处理应符合设计要求	观察，检查隐蔽工程验收记录和施工记录	
	5	焊接连接	各种连接件、紧固件的螺栓应有防松动措施；焊接连接应符合设计要求和焊接规范的规定		
	6	托条	隐框或半隐框玻璃幕墙，每块玻璃下端应设置两个铝合金或不锈钢托条，其长度不应小于100mm，厚度不应小于2mm，托条外端应低于玻璃外表面2mm	观察，检查施工记录	
	7	明框幕墙玻璃安装	安装应符合下列规定： （1）玻璃槽口与玻璃的配合尺寸应符合设计要求和技术标准的规定 （2）玻璃与构件不得直接接触，玻璃四周与构件凹槽底部应保持一定的空隙，每块玻璃下部应至少放置两块宽度与槽口宽度相同、长度不小于100mm的弹性定位垫块；玻璃两边嵌入量及空隙应符合设计要求 （3）玻璃四周橡胶条的材质、型号应符合设计要求，镶嵌应平整，橡胶条长度应比边框内槽长1.5%～2.0%，橡胶条在转角处应斜面断开，并应用粘结剂粘结牢固后嵌入槽内		

（续）

项	序	项目	检验标准及要求	检查方法	检查数量
主控项目	8	超过4m高全玻幕墙安装	高度超过4m的全玻幕墙应吊挂在主体结构上，吊夹具应符合设计要求，玻璃与玻璃、玻璃与玻璃肋之间的缝隙，应采用硅酮结构密封胶填嵌严密	观察，检查隐蔽工程验收记录和施工记录	每个检验批每100m² 应至少抽查一处，每处不得小于10m²；对于异型或有特殊要求的幕墙工程，应根据幕墙的结构和工艺特点，由监理单位（或建设单位）和施工单位协商确定
	9	点支承玻璃幕墙	点支承玻璃幕墙应采用带万向头的活动不锈钢爪，其钢爪间的中心距离应大于250mm	观察，尺量检查	
	10	细部	玻璃幕墙四周、玻璃幕墙内表面与主体结构之间的连接节点、各种变形缝、墙角的连接节点应符合设计要求和技术标准的规定	观察，检查隐蔽工程验收记录和施工记录	
	11	幕墙防水	玻璃幕墙应无渗漏	在易渗漏部位进行淋水检查	
	12	结构胶、密封胶打注	玻璃幕墙结构胶和密封胶打注应饱满、密实、连续、均匀、无气泡，宽度和厚度应符合设计要求和技术标准的规定	观察，尺量检查，检查施工记录	
	13	开启窗	玻璃幕墙开启窗的配件应齐全，安装应牢固，安装位置和开启方向、角度应正确；开启应灵活，关闭应严密	观察，手扳检查，开启和关闭检查	
	14	防雷装置	玻璃幕墙的防雷装置必须与主体结构的防雷装置可靠连接	观察，检查隐蔽工程验收记录和施工记录	
一般项目	1	表面质量	玻璃幕墙表面应平整、洁净；整幅玻璃色泽应均匀一致；不得有污染和镀膜损坏	观察	同主控项目
	2	每平方米玻璃的表面质量	每平方米玻璃的表面质量和检验方法应符合表5-31的规定	见表5-31	
	3	铝合金型材质量	一个分格铝合金型材的表面质量和检验方法应符合表5-32的规定	见表5-32	
	4	明框外露框或压条	明框玻璃幕墙的外露框或压条应横平竖直，颜色、规格应符合设计要求，压条安装应牢固。单元玻璃幕墙的单元拼缝或隐框玻璃幕墙的分格玻璃拼缝应横平竖直、均匀一致	观察，手扳检查，检查进场验收记录	
	5	密封胶缝	玻璃幕墙的密封胶缝应横平竖直、深浅一致、宽窄均匀、光滑顺直	观察，手摸检查	
	6	防火、保温材料	防火、保温材料填充应饱满、均匀，表面应密实、平整	检查隐蔽工程验收记录	
	7	隐蔽节点	玻璃幕墙隐蔽节点的遮封装修应牢固 整齐、美观	观察，手扳检查	
	8	明框玻璃幕墙安装的允许偏差	明框玻璃幕墙安装的允许偏差和检验方法应符合表5-33的规定	见表5-33	
	9	隐框、半隐框玻璃幕墙安装的允许偏差	隐框、半隐框玻璃幕墙安装的允许偏差和检验方法应符合表5-34的规定	见表5-34	

表 5-31 每平方米玻璃的表面质量和检验方法

项次	项目	质量要求	检验方法
1	明显划伤和长度>100mm 的轻微划伤	不允许	观察
2	长度≤100mm 的轻微划伤	≤8 条	用钢尺检查
3	擦伤总面积	≤500mm^2	

表 5-32 一个分格铝合金型材的表面质量和检验方法

项次	项目	质量要求	检验方法
1	明显划伤和长度>100mm 的轻微划伤	不允许	观察
2	长度≤100mm 的轻微划伤	≤2 条	用钢尺检查
3	擦伤总面积	≤500mm^2	

表 5-33 明框玻璃幕墙安装的允许偏差和检验方法

项次	项目		允许偏差/mm	检验方法
1	幕墙垂直度	幕墙高度≤30m	10	用经纬仪检查
		30m<幕墙高度≤60m	15	
		60m<幕墙高度≤90m	20	
		幕墙高度>90m	25	
2	幕墙水平度	幕墙幅宽≤35m	5	用水平仪检查
		幕墙幅宽>35m	6	
3	构件直线度		2	用 2m 靠尺和塞尺检查
4	构件水平度	构件长度≤2m	2	用水平仪检查
		构件长度>2m	3	
5	相邻构件错位		1	用钢直尺检查
6	分格框对角线长度差	对角线长度≤2m	3	用钢直尺检查
		对角线长度>2m	4	

表 5-34 隐框、半隐框玻璃幕墙安装的允许偏差和检验方法

项次	项目		允许偏差/mm	检验方法
1	幕墙垂直度	幕墙高度≤30m	10	用经纬仪检查
		30m<幕墙高度≤60m	15	
		60m<幕墙高度≤90m	20	
		幕墙高度>90m	25	
2	幕墙水平度	层高≤3m	3	用水平仪检查
		层高>3m	3	
3	幕墙表面平整度		2	用 2m 靠尺和塞尺检查
4	板材立面垂直度		2	用垂直检测尺检查
5	板材上沿水平度		2	用 1m 水平尺和钢直尺检查

（续）

项次	项　目	允许偏差/mm	检验方法
6	相邻板材板角错位	1	用钢直尺检查
7	阳角方正	2	用直角检测尺检查
8	接缝直线度	3	拉5m线，不足5m拉通线，用钢直尺检查
9	接缝高低差	1	用钢直尺和塞尺检查
10	接缝宽度	1	用钢直尺检查

二、石材幕墙工程

适用于建筑高度不大于100m、抗震设防烈度不大于8度的石材幕墙工程的质量验收。其他质量控制点与玻璃幕墙工程质量控制点相同。

石材幕墙工程的质量检验标准见表5-35。

表5-35　石材幕墙工程的质量检验标准

项	序	项　目	检验标准及要求	检查方法	检查数量
主控项目	1	材料质量	石材幕墙工程所用材料的品种、规格、性能和等级应符合设计要求及现行国家产品标准和工程技术规范的规定。石材的弯曲强度不应小于8.0MPa；吸水率应小于0.8%。石材幕墙的铝合金挂件厚度不应小于4.0mm，不锈钢挂件厚度不应小于3.0mm	观察，尺量检查，检查产品合格证书、性能检测报告、材料进场验收记录和复验报告	每个检验批每$100m^2$应至少抽查一处，每处不得小于$10m^2$；对于异型或有特殊要求的幕墙工程，应根据幕墙的结构和工艺特点，由监理单位（或建设单位）和施工单位协商确定
	2	外观质量	石材幕墙的造型、立面分格、颜色、光泽、花纹和图案应符合设计要求	观察	
	3	石材孔、槽	石材孔、槽的数量、深度、位置、尺寸应符合设计要求	检查进场验收记录或施工记录	
	4	预埋件和后置埋件	石材幕墙主体结构上的预埋件和后置埋件的位置、数量及后置埋件的拉拔力必须符合设计要求	检查拉拔力检测报告和隐蔽工程验收记录	
	5	构件连接	石材幕墙的金属框架立柱与主体结构预埋件的连接、立柱与横梁的连接、连接件与金属框架的连接、连接件与石材面板的连接必须符合设计要求，安装必须牢固	手扳检查，检查隐蔽工程验收记录	
	6	防腐处理	金属框架和连接件的防腐处理应符合设计要求	检查隐蔽工程验收记录	
	7	防火、保温、防潮材料	石材幕墙的防火、保温、防潮材料的设置应符合设计要求，填充应密实、均匀、厚度一致		
	8	防雷装置	石材幕墙的防雷装置必须与主体结构防雷装置可靠连接	观察，检查隐蔽工程验收记录和施工记录	

（续）

项	序	项　　目	检验标准及要求	检 查 方 法	检 查 数 量
主控项目	9	变形缝	各种结构变形缝、墙角的连接节点应符合设计要求和技术标准的规定	检查隐蔽工程验收记录和施工记录	每个检验批每 $100m^2$ 应至少抽查一处，每处不得小于 $10m^2$；对于异型或有特殊要求的幕墙工程，应根据幕墙的结构和工艺特点，由监理单位（或建设单位）和施工单位协商确定
	10	表面和板缝处理	石材表面和板缝的处理应符合设计要求	观察	
	11	板缝注胶	石材幕墙的板缝注胶应饱满、密实、连续、均匀、无气泡、板缝宽度和厚度应符合设计要求和技术标准的规定	观察，尺量检查，检查施工记录	
	12	防水	石材幕墙应无渗漏	在易渗漏部位进行淋水检查	
一般项目	1	表面质量	石材幕墙表面应平整、洁净、无污染、缺损和裂痕。颜色和花纹应协调一致，无明显色差，无明显修痕	观察	同主控项目
	2	压条	石材幕墙的压条应平直、洁净、接口严密、安装牢固	观察 手扳检查	
	3	细部质量	石材接缝应横平竖直、宽窄均匀；阴阳角石板压向应正确，板边合缝应顺直；凸凹线出墙厚度应一致，上下口应平直；石材面板上洞口、槽边应套割吻合，边缘应整齐	观察，尺量检查	
	4	密封胶缝	石材幕墙的密封胶缝应横平竖直、深浅一致、宽窄均匀、光滑顺直	观察	
	5	滴水线	石材幕墙上的滴水线、流水坡向应正确顺直	观察，用水平尺检查	
	6	石材表面质量	每平方米石材的表面质量和检验方法应符合表 5-36 的规定	见表 5-36	
	7	安装允许偏差	石材幕墙安装的允许偏差和检验方法应符合表 5-37 的规定	见表 5-37	

表 5-36　每平方米石材的表面质量和检验方法

项次	项　　目	质 量 要 求	检 验 方 法
1	裂痕、明显划伤和长度>100mm 的轻微划伤	不允许	观察
2	长度≤100mm 的轻微划伤	≤8 条	用钢尺检查
3	擦伤总面积	≤$500mm^2$	

表 5-37　石材幕墙安装的允许偏差和检验方法

项次	项目		允许偏差/mm		检验方法
			光面	麻面	
1	幕墙垂直度	幕墙高度≤30m	10		用经纬仪检查
		30m<幕墙高度≤60m	15		
		60m<幕墙高度≤90m	20		
		幕墙高度>90m	25		
2	幕墙水平度		3		用水平仪检查
3	板材立面垂直度		3		
4	板材上沿水平度		2		用 1m 水平尺和钢直尺检查
5	相邻板材板角错位		1		用钢直尺检查
6	幕墙表面平整度		2	3	用垂直检测尺检查
7	阳角方正		2	4	用直角检测尺检查
8	接缝直线度		3	4	拉 5m 线，不足 5m 拉通线，用钢直尺检查
9	接缝高低差		1	—	用钢直尺和塞尺检查
10	接缝宽度		1	2	用钢直尺检查

三、幕墙工程施工常见问题

1. 玻璃幕墙玻璃炸裂

（1）现象：建筑玻璃幕墙的玻璃产生爆裂。

（2）原因分析：

1）玻璃材质不良或加工工艺问题造成自爆。

2）横梁、立柱安装质量差，引起附加应力。

3）未设防振垫块。

4）设计未验算挤压应力。

（3）防治措施：

1）选材：应选用国家定点生产厂家的幕墙玻璃，优先采用特选品和一级品的安全玻璃。

2）玻璃要用磨边机磨边，否则在安装过程中和安装后，易产生应力集中。安装后的钢化玻璃表面不应有伤痕。钢化玻璃应提前加工，让其先通过自爆考验。

3）立柱安装标高偏差不应大于 3mm，轴线前后偏差不应大于 2mm，左右偏差不应大于 3mm。横梁同高度相邻的两根横向构件安装在同一高度，其端部允许高差为 1mm。

4）玻璃安装框槽中应设不少于两块弹性定位橡胶垫块，长度不应小于 100mm，以消除

变形对玻璃的影响。

2. 幕墙密封胶质量差

（1）现象：

1）未按设计要求使用中性硅酮结构密封胶或与之相适应的耐候密封胶。

2）以结构密封胶代替耐候密封胶，或二者混用。

3）不能提供由具有专项资质的试验检测机构出具的硅酮结构密封胶相容性试验报告，仅有厂家的自检报告。

4）硅酮结构密封胶、耐候密封胶无耐用年限保证书，有的甚至超过使用期限。

（2）原因分析：

1）承包商以次充好，以劣代优，使用假冒伪劣产品。

2）采购人员对结构密封胶、耐候密封胶的性能不了解，管理人员缺少必要的监管知识，造成工程的混用、误用。

3）有意识降低费用，不按规定的程序、内容委托试验。

（3）防治措施：

1）把玻璃固定到金属框上，将玻璃承受的风荷载、地震作用、自重和温度变化等预计环境力量通过胶来传递到金属框上的，其胶粘剂必须采用中性硅酮结构密封胶。

2）耐候密封胶主要有硅酮密封胶、氯丁密封胶和聚硫密封胶，它们之间的相容性差，不宜混用或配合使用。耐候密封胶主要用于外部建筑密封，耐大气变化、耐紫外线、耐老化则是其主要的考量指标。

3）同一幕墙工程应采用同一品牌的单组分或双组分硅酮结构密封胶，采用同一品牌的硅酮耐候密封胶配套使用；不得用结构密封胶代替耐候密封胶，更不得用过期结构密封胶降级为耐候密封胶使用。

4）硅酮结构密封胶进货前必须认真进行其与接触材料的相容性试验和性能检测。若无此报告，应督促承包商立即委托具有此项资质的检测机构进行专项试验，合格后方可使用。

5）硅酮结构密封胶和硅酮耐候密封胶，自进场之日起直至幕墙施工结束，必须保证在有效期时间范围内使用。

6）浅色、彩色、透明的硅酮结构密封胶的耐紫外线性能较差，只适用于室内工程；室外一般应采用黑色的。

7）存放胶的环境应满足温度、湿度要求。

【例题 5-7】 某一级资质装饰公司承接了一幢精装修住宅工程，该幢楼的东西立面采用半隐框玻璃幕墙，南北立面采用花岗岩石材幕墙，在进行石材幕墙施工中，由于硅酮耐候胶库存不够，操作人员为了不延误工期即时采用了与硅酮结构胶不同品牌的硅酮耐候胶，事后提供了强度试验报告，证明其性能指标满足承载力的要求。

在玻璃幕墙构件大批量制作、安装前进行了“三性试验”，但第一次检测未通过，第二次检测才合格。

在玻璃板块制作车间采用双组分硅酮结构密封胶，其生产工序如下：

室温为25℃，相对湿度为50%；清洁注胶基材表面的清洁剂为二甲苯，用白色棉布蘸入溶剂中吸取溶剂，并采用“一次擦”工艺进行清洁；清洁后的基材一般在1h内注胶完毕；注胶完毕到现场安装的间隔时间为1周；玻璃幕墙构件的立柱采用铝合金型材，上、下

闭口型材立柱通过槽口嵌固进行密闭连接；石材幕墙的横梁和立柱均采用型钢，横梁采用分段焊接连接在立柱上；在室内装饰施工中，卫生间防水采用聚氨酯涂膜施工。

问题：

1. 硅酮耐候密封胶的采用是否正确？请说明理由。施工前须提供哪些报告证明文件？

例题 5-7 答案

2. 玻璃幕墙的“三性试验”是指哪三性？第一次检测未通过，应采取哪些措施？

3. 玻璃板块制作的注胶工艺是否合理？如有不妥应如何处理？

4. 幕墙的立柱与横梁安装存在哪些问题？该如何整改？

5. 简述卫生间防水的施工流程。

本章小结

本章主要介绍了建筑地面工程质量控制与验收、抹灰工程质量控制与验收、门窗工程质量控制与验收、吊顶工程质量控制与验收、轻质隔墙工程质量控制与验收、饰面板（砖）工程质量控制与验收和幕墙工程质量控制与验收等七大部分内容。

建筑地面工程质量控制与验收包括基层铺设工程质量控制与验收、整体面层铺设工程质量控制与验收和板块面层铺设工程质量控制与验收。

抹灰工程质量控制与验收包括一般抹灰工程质量控制与验收和装饰抹灰工程质量控制与验收。

门窗工程质量控制与验收包括金属门窗安装工程质量控制与验收、塑料门窗安装工程质量控制与验收和门窗玻璃安装工程质量控制与验收。

吊顶工程质量控制与验收包括整体面层吊顶工程质量控制与验收和板块面层吊顶工程质量控制与验收。

轻质隔墙工程质量控制与验收包括板材隔墙工程质量控制与验收和骨架隔墙工程质量控制与验收。

饰面板（砖）工程质量控制与验收包括饰面板安装工程质量控制与验收和饰面砖粘贴工程质量控制与验收。

幕墙工程质量控制与验收包括玻璃幕墙工程质量控制与验收和石材幕墙工程质量控制与验收。

课后习题

一、单项选择题

1. 砖面层与下一层应结合（粘结）牢固，无空鼓，用（　　）检查。

A. 百格网　　B. 射线　　C. 雷达　　D. 小锤轻击

2. 抹灰工程应对水泥的凝结时间和（　　）进行复验。

A. 密度　　B. 质量　　C. 安定性　　D. 强度

3. 室内墙面、柱面和门洞口的阳角做法应符合设计要求，设计无要求时，应采用 1:2 水

泥砂浆做暗护角，其高度不应低于（　　）m，每侧宽度不应小于50mm。

A. 1. 8　　B. 2　　C. 2. 5　　D. 3

4. 当抹灰总厚度（　　）35mm时，应采取加强措施。

A. 小于　　B. 大于　　C. 等于　　D. 大于或等于

5. 单块玻璃大于（　　）m^2时应使用安全玻璃。

A. 1　　B. 1. 5　　C. 10　　D. 15

6. 吊顶工程应对人造木板的（　　）含量进行复验。

A. 有机物　　B. 无机物　　C. 乙醚　　D. 甲醛

7. 木龙骨及木墙面板的（　　）处理必须符合设计要求。

A. 防火　　B. 防腐　　C. 防火或防腐　　D. 防火和防腐

8. 当吊杆长度大于（　　）m时，应设置反支撑。

A. 1. 3　　B. 1. 4　　C. 1. 5　　D. 1. 6

9. 重型灯具、电扇及其他重型设备（　　）安装在吊顶工程的龙骨上。

A. 可　　B. 宜　　C. 严禁　　D. 应

10. 采用湿作业法施工的饰面板工程，石材应进行（　　）处理。

A. 打胶　　B. 防碱背涂　　C. 界面剂　　D. 毛化

二、简答题

1. 简述抹灰工程的质量控制点。
2. 简述吊顶工程的质量控制点。
3. 简述饰面板（砖）工程的适用条件。

三、案例题

某建筑装饰装修工程，业主与承包商签订的施工合同协议条款约定如下。

工程概况：该工程为现浇混凝土框架结构，18层，建筑面积110000m^2，平面呈“L”形，在平面变形处设有一道变形缝，结构工程于2007年6月28日已验收合格。

施工范围：首层到18层的公共部分，包括各层电梯厅、卫生间、首层大堂等的建筑装饰装修工程，建筑装饰装修工程建筑面积13000m^2。

质量等级：合格。

工期：2007年7月6日开工，2007年12月28日竣工。

开工前，建筑工程专业建造师（担任项目经理，下同）主持编制施工组织设计时拟定的施工方案以变形缝为界，分两个施工段施工，并制定了详细的施工质量检验计划，明确了分部（子分部）工程、分项工程的检查点。其中，第三层铝合金门窗工程检查点的检查时间为2007年9月16日。

问题：

1. 该建筑装饰装修工程的分项工程应如何划分检验批？

2. 第三层门窗工程2007年9月16日如期安装完成，建筑工程专业建造师安排由资料员填写质量验收记录，项目专业质量检查员代表企业参加验收，并签署检查评定结果，项目专业质量检查员签署的检查评定结果为合格。请问该建造师的安排是否妥当？质检员如何判定门窗工程检验批是否合格？

3. 2007年10月22日铝合金门窗安装全部完工，建筑工程专业建造师安排由项目专业

质量检查员参加验收，并记录检查结果，签署检查评价结论。请问该建造师的安排是否妥当？如何判定铝合金门窗安装工程是否合格？

4. 2007 年 11 月 16 日门窗工程全部完工，具备规定检查的文件和记录，规定的有关安全和功能的检测项目检测合格。为此，建筑工程专业建造师签署了该子分部工程检查记录，并交监理单位（建设单位）验收。请问该建造师的做法正确吗？

5. 2007 年 12 月 28 日工程如期竣工，建筑工程专业建造师应如何选择验收方案，如何确定该工程是否具备竣工验收条件？单位工程观感质量如何评定？

6. 综合以上问题，按照过程控制方法，建筑装饰装修工程质量验收有哪些过程？

参考文献

[1] 郑惠虹．建筑工程施工质量控制与验收［M］．北京：机械工业出版社，2010.
[2] 白锋．建筑工程质量检验与安全管理［M］．北京：机械工业出版社，2006.
[3] 王波，刘杰．建筑工程质量与安全管理［M］．北京：北京邮电大学出版社，2013.
[4] 张平．建设工程质量验收项目检验简明手册［M］．北京：中国建筑工业出版社，2013.
[5] 张传红．建筑工程管理与实务：案例题常见问答汇总与历年真题详解［M］．北京：中国电力出版社，2012.
[6] 裴哲．建筑工程施工质量验收统一标准填写范例与指南（上下册）［M］．北京：清华同方光盘电子出版社，2014.

教材使用调查问卷

尊敬的老师：

您好！欢迎您使用机械工业出版社出版的“高职高专土建类专业规划教材”，为了进一步提高我社教材的出版质量，更好地为我国教育发展服务，欢迎您对我社的教材多提宝贵的意见和建议。敬请您留下您的联系方式，我们将向您提供周到的服务，向您赠阅我们最新出版的教学用书、电子教案及相关图书资料。

本调查问卷复印有效，请您通过以下方式返回：

邮寄：北京市西城区百万庄大街 22 号机械工业出版社建筑分社（100037）
张荣荣（收）

传真：010-68994437（张荣荣收） Email：54829403@ qq. com

一、基本信息

姓名：________职称：________职务：________

所在单位：________

任教课程：________

邮编：________地址：________

电话：________电子邮件：________

二、关于教材

1. 贵校开设土建类哪些专业？

□建筑工程技术 □建筑装饰工程技术 □工程监理 □工程造价

□房地产经营与估价 □物业管理 □市政工程

2. 您使用的教学手段：□传统板书 □多媒体教学 □网络教学

3. 您认为还应开发哪些教材或教辅用书？________

4. 您是否愿意参与教材编写？希望参与哪些教材的编写？

课程名称：________

形式： □纸质教材 □实训教材（习题集） □多媒体课件

5. 您选用教材比较看重以下哪些内容？

□作者背景 □教材内容及形式 □有案例教学 □配有多媒体课件

□其他________

三、您对本书的意见和建议（欢迎您指出本书的疏误之处）________

四、您对我们的其他意见和建议________

请与我们联系：

100037 北京百万庄大街 22 号

机械工业出版社·建筑分社 张荣荣 收

Tel：010-88379777（O），68994437（Fax）

E-mail：54829403@ qq. com

http：//www. cmpedu. com（机械工业出版社·教材服务网）

http：//www. cmpbook. com（机械工业出版社·门户网）

http：//www. golden-book. com（中国科技金书网·机械工业出版社旗下网站）